Ulrike Drähne

Einfluss von Regen auf die oberen Wasserschichten. Experimente im Wind-Wellen-Kanal

GRIN Verlag

Bibliografische Information der Deutschen Nationalbibliothek:

Die Deutsche Bibliothek verzeichnet diese Publikation in der Deutschen Nationalbibliografie; detaillierte bibliografische Daten sind im Internet über http://dnb.d-nb.de/ abrufbar.

Impressum:

Druck und Bindung: Books on Demand GmbH, Norderstedt Germany
ISBN: 978-3-656-74381-1

Dieses Buch bei GRIN:

http://www.grin.com/de/e-book/280861/einfluss-von-regen-auf-die-oberen-wasser-schichten-experimente-im-wind-wellen-kanal

Universität Hamburg
Zentrum für Marine und Atmosphärische Wissenschaften
Institut für Meereskunde

Bachelorarbeit

im Studiengang BSc. Geophysik/ Ozeanographie

Einfluss von Regen auf das Wellen- und Strömungsfeld in den oberen Wasserschichten - Experimente im Wind-Wellen-Kanal

vorgelegt von
Ulrike Drähne

Hamburg, September 2011

Inhaltsverzeichnis

Tabellenverzeichnis

Abbildungsverzeichnis

Kurzfassung

Im Wind-Wellen-Kanal wurden Experimente durchgeführt, um den Einfluss von Regen auf das Wind-, Wellen- und Strömungsfeld zu untersuchen. Dazu wurden zwei Referenz - Windgeschwindigkeiten von 3 m/s und 6 m/s sowie zwei Regenraten von 26 mm/h und 161 mm/h gewählt.
An der Wasseroberfläche äußert sich der Einfluss von Regen in einer erhöhten Oberflächendrift, die mit steigender Windgeschwindigkeit zunimmt. Bei niedrigen Windgeschwindigkeiten dominiert der Regen das Wellenfeld, was sich in einer Abflachung der Wellen äußert, d.h. einer Abnahme der Wellenneigung. Bei hohen Windgeschwindigkeiten dominiert der Wind das Wellenfeld, ein Einfluss durch Regen ist aber dennoch erkennbar. Eine Dämpfung der Wellenamplitude in Anwesenheit von Regen, wie sie in der Literatur beschrieben wird, konnte verifiziert werden.
Ohne Regen ist die Windgeschwindigkeit auf Grund der sich an Kanaldecke und Wasseroberfläche bildenden Grenzschichten dort klein und als Folge der Massenerhaltung in der Kanalmitte hoch. In Anwesenheit von Regen wird die Wasseroberfläche rauer, wodurch sich die Windgeschwindigkeit an der Wasseroberfläche verringert. Aus Gründen der Massenerhaltung muss die Luft in der Kanalmitte schneller strömen. Die Folge ist eine höhere Windgeschwindigkeit in Anwesenheit von Regen. Sowohl Turbulenzintensität als auch turbulente kinetische Energie sind in Anwesenheit von Regen höher als ohne Regen, unabhängig von der Höhe. Grund ist eine erhöhte Turbulenz im Windfeld in Folge der erhöhten Oberflächenrauhigkeit. Die Schubspannungsgeschwindigkeit nimmt mit der Windgeschwindigkeit und Regenrate zu.
Der Aufprall von Regentropfen auf eine ruhige Wasseroberfläche induziert Turbulenz, die bis in ca. 4 cm Tiefe nachweisbar ist. In Gegenwart von Wind und Regen reicht die Turbulenz in größere Tiefen von bis zu 10 cm. Während in der horizontalen Strömungsrichtung ein Massentransport zu beobachten ist, mitteln sich vertikale Auslenkungen der Wasserpartikel zu 0 cm/s. Eine Ausnahme bildet die Wasseroberfläche, wo die Abwärtsbewegung der Regentropfen eine abwärts gerichtete mittlere Strömung verursacht. Auch unterhalb der Wasseroberfläche dominiert bei kleinen Windgeschwindigkeiten der Regen das Strömungsfeld, während der Wind kaum Einfluss hat. Für hohe Windgeschwindigkeiten dominiert der Wind das Strömungsfeld. Dennoch äußert sich auch hier ein Einfluss des Regens in einem Energieeintrag, der mit zunehmender Regenrate ansteigt. Im Gegensatz dazu hat die Regenrate an der Wasseroberfläche nur wenig Einfluss auf den Energieeintrag.

1 Einleitung

Viele kleinskalige Prozesse an der Meeresoberfläche sind noch immer unvollständig verstanden. Einer dieser Prozesse ist der Aufprall von Regen auf die Wasseroberfläche.
Regen geht einher mit dem Austausch von Impuls, Gas, Wärme, Aerosolen und Wasser zwischen Atmosphäre und Ozean. Diese Austauschprozesse werden in den derzeitigen Klimamodellen kaum erfasst. Für eine entsprechende Parametrisierung ist ein Verständnis dafür nötig, wie Regen das Wellen- und Strömungsfeld an der Wasseroberfläche beeinflusst. Dass dieser Einfluss vorhanden ist, zeigen z.B. Radaraufnahmen von Satelliten, auf denen Regenzellen erkennbar sind (z.B. Braun et al. (2002)). Die Radarrückstreuung ändert sich in Abhängigkeit von Rauhigkeit der Wasseroberfläche und Anzahl an Regentropfen in der Atmosphäre. Dies führt zu Farb- und Konturkontrasten auf den Satellitenbildern. Des Weiteren kann ein genügend starker Regenschauer zu Blasenbildung an der Wasseroberfläche führen. Beim Platzen dieser Blasen gelangen Salz, Gase, organische Substanzen und anderes Material in die Atmosphäre. Turbulente atmosphärische Strömungen transportieren diese marinen Aerosole, bzw. das Aeroplankton, in die Höhe und verteilen es, bis es schließlich im Regen wieder zur Erde gelangt (Enzyklopedia Britannica, 2009).
Ausgangspunkt der oben genannten Austauschprozesse ist Turbulenz an der Wasseroberfläche in Anwesenheit von Regen und Wind. Die präzise Untersuchung dieser Turbulenz kann nur in einem geeigneten Labor wie einem Wind-Wellen-Kanal stattfinden. Hier können unter dem Einfluss von verschiedenen Randbedingungen kleinskalige Prozesse wie Tropfenaufprall, Turbulenz und Mikrobrechen von Wellen mit hoher Auflösung und Genauigkeit untersucht werden. So kann z.B. das Strömungsfeld bei Wind und Wellen bis wenige Millimeter unter der Oberfläche erfasst werden. Von ozeanographischem Interesse sind vor allem die physikalischen Einflüsse von Regen auf die Wasseroberfläche. Bei ihren Untersuchungen zum Einfluss von Regen auf die Oberflächendrift fanden Braun et al. (2004) heraus, dass Regen die Oberflächendrift durch einen direkten und einen indirekten Prozess beeinflusst. Den direkten Einfluss übt Regen durch direkte Impulsübertragung aus, d.h. durch direkte Beschleunigung der Oberfläche in Folge des Tropfenaufpralls (Braun et al., 2004). Der indirekte Einfluss äußert sich in einer raueren Wasseroberfläche, die wiederum eine größere Angriffsfläche für den Wind darstellt, wodurch die Oberfläche stärker beschleunigt wird (Braun et al., 2004). Die rauere Wasseroberfläche ist Folge der Tropfenaufprallprodukte, die beim flüssig-flüssigen Aufprall oberhalb der Oberfläche auftreten, namentlich Jet, Krater, Kronen und Ringwellen. Braun et al. (2004) fanden außerdem heraus, dass erhöhte Regenraten zu vermehrtem kleinskaligen Wellenbrechen führen. Dies dämpft erstens die Wellenamplitude (was die Oberflächenrauhigkeit verringert), zweitens erhöht es die Oberflächendrift und führt drittens zu einer höheren Energiedissipation (Braun et al., 2004). Die Dämpfung der Wellenamplitude erfolgt durch kleinskaliges Wellenbrechen, oberflächennahe Turbulenz und durch Dichteschichtung (Braun et al., 2004).
Die vorliegende Arbeit untersucht den Einfluss von Regen auf das Windfeld und die Wellendämpfung in Folge von oberflächennaher Turbulenz bzw. Regen, und betrachtet das Strömungsfeld unter Regeneinfluss.

2 Messgeräte und Versuchsaufbau

2.1 Der Wind-Wellen-Kanal

Die Experimente wurden im Wind-Wellen-Kanal der Universität Hamburg auf dem Gelände der Bundesanstalt für Wasserbau (BAW) in Hamburg-Rissen durchgeführt. Der Kanal hat eine Länge von 24 m, eine Breite von 1 m und eine Höhe von 1,5 m, wovon 0,5 m mit Süßwasser gefüllt sind, sodass sich eine Luftsäule von 1 m über der Wasseroberfläche befindet. Die effektive (und maximale) Windwirklänge (Fetch) beträgt 19 m. Mit Hilfe des Radialgebläses lassen sich Windgeschwindigkeiten von 1,5 m/s bis 25 m/s erzeugen. Zusätzlich können über eine hydraulisch angetriebene Wellenklappe Wellen mit Amplituden bis 3 cm und Wellenlängen zwischen 0,25 m und 3 m angeregt werden. Abb. 1 zeigt eine schematische Seitenansicht des Wind-Wellen-Kanals sowie die Position der verwendeten Messgeräte.

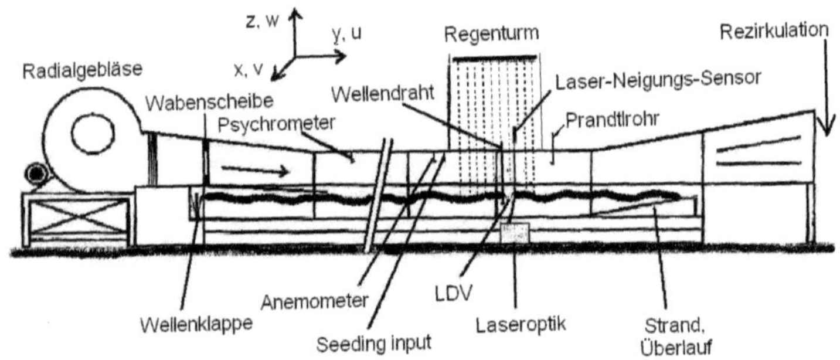

Abbildung 1: Schematische Seitenansicht des Wind-Wellen-Kanals mit Kanalkoordinaten. Quelle: Braun et al. (2004)

2.2 Der Regenturm

Um das Wellen- und Strömungsfeld unter Regeneinfluss quantitativ untersuchen zu können, musste die Regenrate bekannt sein. Aus diesem Grund wurde eine Kalibrierung des Regenturmes durchgeführt. Dazu wurden erstmals Durchflussmesser benuzt, mit deren Hilfe die Regenrate relativ genau bestimmt werden kann.
Abb. 2 zeigt den Regenturm sowie den Becher und den Seilzug, mit deren Hilfe die Regenrate reguliert wird. Die beregnete Fläche liegt zwischen 12,5 m und 14,8 m Fetch und hat eine Ausdehnung von 2,3 m × 1 m. Die Tropfen fallen aus 4,5 m Höhe aus insgesamt 2400 Nadeln, die im Dreiecksmuster die Böden von drei Wannen eingelassen sind (vgl. Abb. 2(b)). Der Abstand zwischen den einzelnen Nadeln beträgt 30 mm. Die Regentropfen haben einen Durchmesser von 2,9 mm. Dieser wurde in Vorexperimenten in einem Plexiglastank mit den Maßen 0,99 cm × 0,67 cm × 127,6 cm bestimmt. Dazu wurden 12 mal 250 Tropfen abgezählt und das Volumen V der 250 Tropfen mit Hilfe eines Messbechers bestimmt. Unter der Annahme, dass die Tropfen die Form einer Kugel mit dem Radius r haben, gilt für das Volumen V_T eines Tropfens:

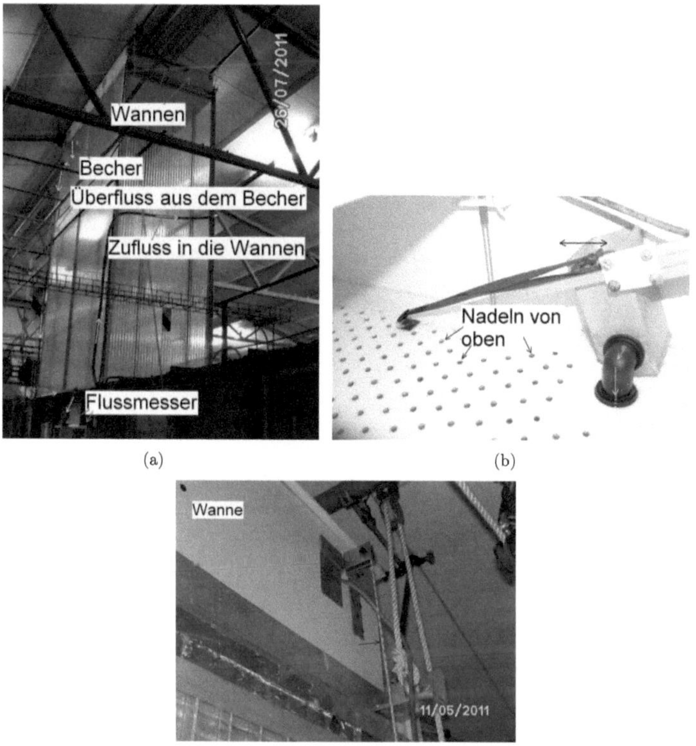

(a) (b) (c)

Abbildung 2: a) Regenturm, b) Becher und c) Seilzug des Regenturmes zur Einstellung der Regenrate

$$V_T = \frac{4}{3}\pi r^3$$

Unter Einbeziehung aller N = 250 Tropfen und der Beziehung d = 2 * r (d: Durchmesser eines Tropfens), ergibt sich für den Tropfendurchmesser:

$$d = \sqrt[3]{\frac{6V}{N\pi}}$$

Schließlich wurde über alle 12 Durchmesser gemittelt.
Beim Aufprall auf die Wasseroberfläche haben die Regentropfen eine Geschwindigkeit von 8,1 m/s, was 85% ihrer Endgeschwindigkeit entspricht (Braun et al., 2002). In die Wannen wird über ein mehrere Meter langes Schlauchsystem Süßwasser gepumpt, wobei das Wasser am Fuße des Turmes den Durchflussmesser für den Zufluss passiert (s. Abb. 2(a)). Die drei Wannen sind über vier kurze u-förmige Schläuche im Boden miteinander verbunden, über die das Wasser in alle Wannen gelangt. Die

Vorrichtung zur Regulierung der Regenrate besteht aus einem Becher (s. Abb. 2(b)), der sich in einer Ecke einer der Wannen befindet, und aus einem Seil, das an der Außenseite des Turmes herabhängt (s. Abb. 2(c)). Indem das Ende dieses Seiles in 7 Löcher in verschiedenen Höhen eines Lochbandes eingehakt wird, ändert sich der Neigungswinkel des Bechers und es fließt entsprechend viel oder wenig Wasser durch den Becher, den Schlauch herab und strömt durch den Durchflussmesser für den Überlauf und eine Wasseruhr, bevor es in den Tieftank eingeleitet wird. Je höher die Stufe, desto größer ist der Winkel zwischen der Normalen zum Becherboden und Wannenboden, desto höher muss das Wasser in den Wannen steigen bis es in den Becher gelangt, desto höher ist der hydrostatische Druck auf die Nadeln und desto höher ist die Regenrate.
Beide Durchflussmesser liefern je eine Stromstärke, die proportional zur Zu -bzw. Überflussrate ist und aufgezeichnet wird. Aus der gemessenen Zuflussrate F_{in} und Überflussrate F_{out} (beide in L/h) kann die Regenrate R (in mm/h) wie folgt berechnet werden:

$$R = \frac{F_{in} - F_{out}}{A} \tag{1}$$

wobei A = 2,3 m^2 die beregnete Fläche ist.
Wie oben angesprochen, musste der Regenturm kalibriert werden (s. Abb. 3). Dazu wurde der Becher schrittweise von Stufe 0 auf Stufe 7 eingestellt. Auf jeder Stufe wurde eine bestimmte Zuflussrate eingestellt, woraufhin sich ein entsprechender Überfluss ergab. Aus der Differenz wurde die Regenrate nach Gl. 1 bestimmt, sodass jeder Stufe eine bestimmte Regenrate zugeordnet werden konnte.

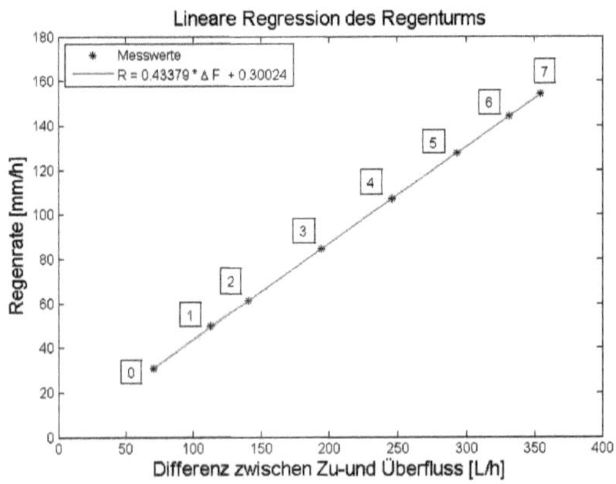

Abbildung 3: Kalibrierung des Regenturmes. Die Zahlen an den Messwerten repräsentieren die Becherstufe.

2.3 Der Windgenerator

Am Windgenerator wurde die Referenzwindgeschwindigkeit u_{ref} mit Hilfe eines Spindelpotentiometers eingestellt. Abb. 4 zeigt die Kalibrierung des Windgenerators, die im Zuge der Ozeanischen Messübung im Februar 2011 erarbeitet wurde. Hierzu wurden sieben Windgeschwindigkeiten zwischen 2 m/s und 8 m/s als Funktion der Einstellung z des Spindelpotentiometers gemessen. Pro Durchlauf wurden 60 Messdaten bei einer Frequenz von 1 Hz aufgenommen. Nach jeder Änderung der Windgeschwindigkeit wurden dem System zwei Minuten Zeit gegeben, sich der Änderung anzupassen.

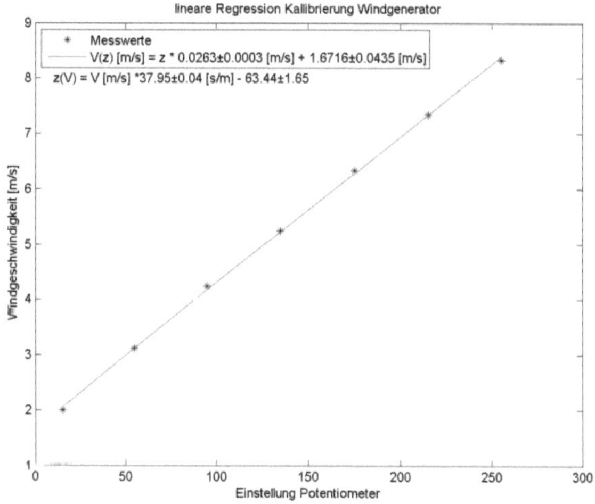

Abbildung 4: Kalibrierung des Windgenerators. Quelle: Müller et al. (2011)

2.4 Das Prandtlrohr

Prandtlrohre (engl.: Pitot-static tube) werden zur Messung der Windgeschwindigkeit benutzt. Dazu ist ein Differenzdruckanemometer (Baratron) nötig und die mittlere Strömungsrichtung muss bekannt sein.
Wir betrachten die Strömung eines idealen, reibungsfreien, inkompressiblen Fluides. Darin wird Druckarbeit vollständig in Beschleunigungsarbeit umgewandelt. Beim Prandtlrohr sind drei Druckgrößen zu unterscheiden: statischer Druck, dynamischer Druck und der Gesamtdruck. Der statische Druck ist der innere Druck eines Gases oder der Druck, den das strömende Gas auf die Seite des Prandtlrohres ausübt. Er wird an den ringförmigen Schlitzen b des Rohres gemessen (s. Abb. 5). Am Staupunkt des Prandtlrohres liegt die Summe aus statischen Druck p_{st} und dynamischen Druck p_{dyn} an. Diese Summe ist der Gesamtdruck p_0 des Gases, also $p_0 = p_{st} + p_{dyn}$. Gemessen werden der statische Druck und der Gesamtdruck. Aus der Differenz ergibt sich der dynamische Druck, der zur Berechnung der Strömungsgeschwindigkeit benötigt wird: $p_{dyn} = p_0 - p_{st}$. Das Prandtlrohr wird so in die Strömung gesetzt,

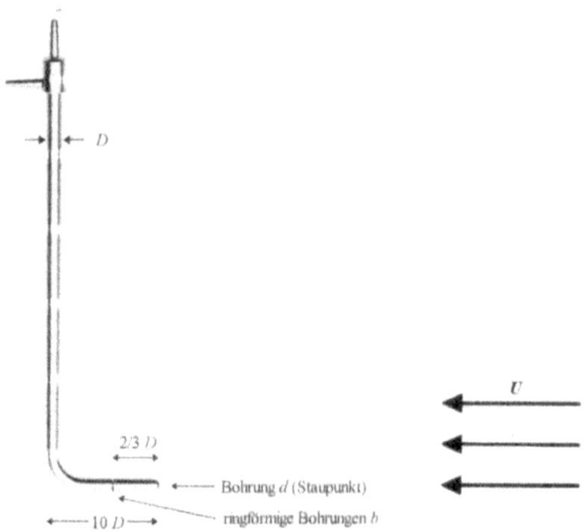

Abbildung 5: Prandtlrohr. Quelle: Müller et al. (2011)

dass die Öffnung des Rohres der mittleren Strömungsrichtung entgegen gerichtet ist. Eine detaillierte Beschreibung des Funktionsprinzips eines Prandtlrohres ist z.B. in Demtröder (1998) gegeben. Dem Messprinzip des Prandtlrohres liegt die Bernoulli - Gleichung zugrunde. Die Strömungsgeschwindigkeit berechnet sich aus:

$$v = \sqrt{\frac{2 * p_{dyn}}{\rho_a}} \tag{2}$$

wobei ρ_a die Dichte des Fluides ist.
Eine Kalibrierung (s. Abb. 6) des Baratron war bereits vorhanden und wurde übernommen. Mit der Geradengleichung und der sechsfachen Verstärkung wurde der vom Baratron gemessene dynamische Druck berechnet. Zusätzlich wurde die Dichte ρ_a der im Kanal strömenden Luft berechnet. Dazu wurden diverse Umgebungsparameter gemessen: Luftfeuchtigkeit q im Kanal in %, Lufttemperatur T im Kanal in °C und Luftdruck P außerhalb des Kanals in hPa. Daneben wurden noch die spezifische Gaskonstante für trockene Luft R_l = 287,058 Nm/kgK und die spezifische Gaskonstante für Wasserdampf R_w = 461 Nm/kgK benötigt. Zunächst wurde mit der Magnusformel der Taupunkt T_d berechnet:

$$T_d = 6,11 \cdot exp\left(\frac{17,1 * T}{235 + T}\right)$$

Daraus ließ sich die spezifische Gaskonstante für feuchte Luft R_f berechnen[1]

$$R_f = \frac{R_l}{(1-q) \cdot \frac{T_d}{P} \cdot \left(1 - \frac{R_l}{R_w}\right)}$$

Mit dieser Größe konnte die Dichte der Luft bestimmt werden:

[1]Da R_f = f(q) und q $\neq$ const ist auch $R_f \neq$ const. Daher wurde R_f für jeden Messtag neu bestimmt.

$$\rho_a = \frac{P}{R_f \cdot (T + 273,15)}$$

und daraus schließlich die Windgeschwindigkeit nach Gl. 2.

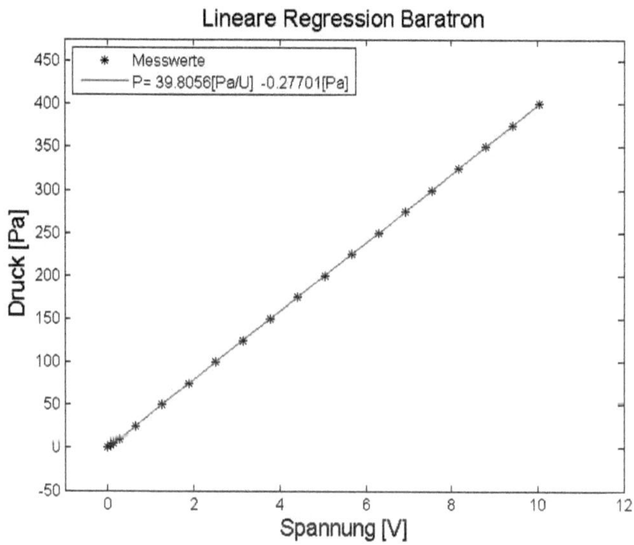

Abbildung 6: Kalibrierung des Baratron. Quelle: Müller et al. (2011)

2.5 Der Wellendraht

Der Wellendraht ist ein Messinstrument zum Bestimmen der Wellenamplitude. Der Draht besteht aus Wolfram, ist ca. 1,5 m lang, 75 μm dünn und wird über ein Gewicht am unteren Ende auf Spannung gehalten (vgl. Abb. 7). Mit diesem Ende taucht der Draht ins Wasser. Je größer die Eintauchtiefe, desto mehr Strom fließt durch den Draht. Ein Strom-Spannungs-Transformer (z.B. eine Spule) transformiert den Wasserstand, der von einem Messwandler am Draht erfasst wird, in eine Spannung, die aufgezeichnet wird. Die Spannung ändert sich proportional zur Eintauchtiefe des Drahtes. Der Wellendraht selbst ist fixiert, die Eintauchtiefe ergibt sich aus der durchlaufenden Welle. Die Grenzfrequenz des Wellendrahtes liegt bei ca. 30 Hz. Abb. 8 zeigt die Kalibrierung für den Wellendraht, wie sie in der Ozeanischen Messübung erarbeitet wurde. Zur Kalibrierung wurde der Draht an einer Traversiervorrichtung befestigt. Bei ruhiger Wasseroberfläche wurde die Eintauchtiefe des Drahtes mit Hilfe einer an der Aufhängung angebrachten Skala (1 cm Abstand) variiert und die Spannung gemessen. Es wurden 3000 Messwerte pro Eintauchtiefe bei einer Frequenz von 100 Hz aufgenommen.

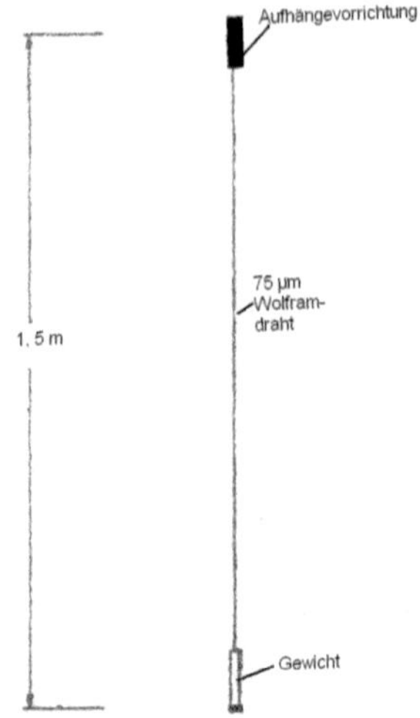

Abbildung 7: Schematischer Aufbau des Wellendrahtes. Quelle: Lobemeier (1981)

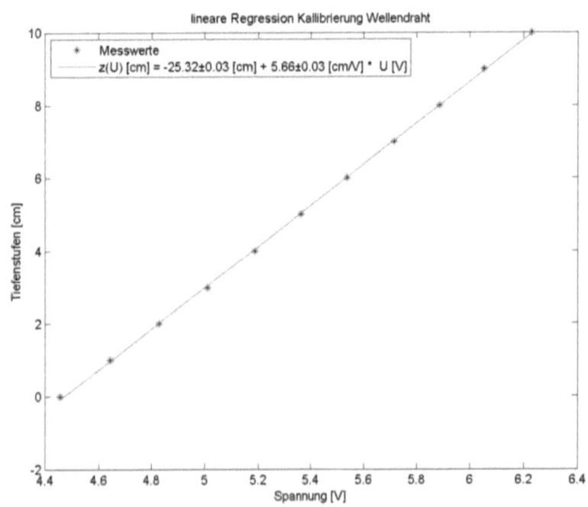

Abbildung 8: Kalibrierung des Wellendrahtes. Qulle: Müller et al. (2011)

Bei den aufgezeichneten Rohdaten des A/D-Wandlers handelt es sich um binäre Zahlen. Der A/D-Wandler hat eine Auflösung von 12 Bit. Somit kann er insgesamt $2^{12} = 4096$ Zahlen darstellen. Mit diesen 4096 Zahlen kann der A/D-Wandler Zahlen zwischen -2047 und +2048 (plus die 0) ausgeben. Der Spannungsbereich, den der A/D-Wandlers aufzeichnen kann, umfasst 20 V und wird aufgeteilt in einen Bereich zwischen -10 V bis +10 V. Die aufgezeichneten binären Zahlen mussten also mit dem Faktor $\frac{20}{4096}$ multipliziert werden, um eine Spannung zu erhalten. In einem zweiten Schritt konnte mit der Steigung aus der Regressionsgeraden die Wellenamplitude bestimmt werden. Analog wurde mit den Daten des Prandtlrohres verfahren.

2.6 Der Laser-Neigungs-Sensor

Mit Hilfe des Laser-Neigungs-Sensors kann die Neigung von Wellen bestimmt werden. Dazu befinden sich ein 2 mW Helium-Neon-Laser oberhalb der Wasseroberfläche und die Empfängereinheit unter einem Fenster, das im Boden des Wind-Wellen-Kanals eingelassen ist. Der Laserstrahl trifft vertikal auf die Wasseroberfläche und wird im optisch dichteren Medium zum Lot hin gebrochen. Er fällt durch das Tankfenster auf eine Fresnellinse, die den Strahl ein zweites Mal bricht, und erscheint als Punkt auf einer Streuscheibe (s. Abb. 9). Eine zweite Linse bricht den Strahl auf eine xy-Diode. Beim Durchgang der Welle ändert sich stetig die Steigung derselben. Dies ändert den Einfallswinkel α, und die Änderung wiederum erscheint als horizontale Auslenkung des Punktes auf der Diode. Die von der Diode registrierte Auslenkung wird in eine Spannung umgewandelt und aufgezeichnet. Für die durchgeführten Experimente werden sowohl die Auslenkung in x-Richtung als auch die Auslenkung in y-Richtung erfasst.
Einer der Vorteile des Lasers gegenüber dem Wellendraht ist seine größere Genauigkeit infolge der höheren Auflösung, die 300 Hz beträgt. Auf diese Weise ist es z.B. möglich, hochfrequente Kapillarwellen aufzulösen, die auf relativ großen Gravitationswellen „reiten“.

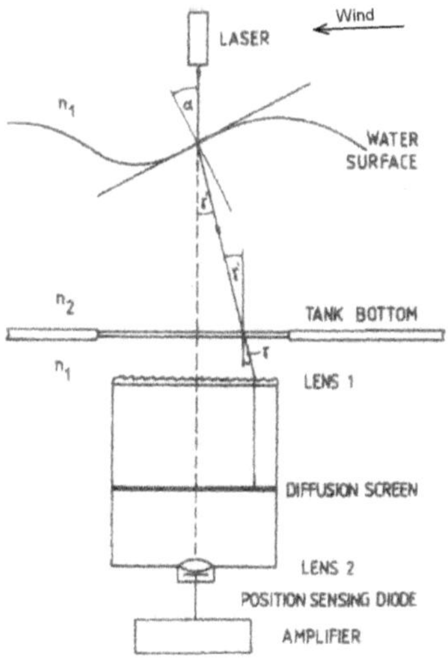

Abbildung 9: Strahlengang beim Laser. Quelle: Lange et al. (1982)

2.7 Das Laser Doppler Velocimeter

Das **L**aser **D**oppler **V**elocimeter (LDV) ist ein Messinstrument, das sowohl horizontale als auch vertikale Strömungsgeschwindigkeiten misst. Dazu befinden sich im Gehäuse des LDV zwei Laser der Klasse 3B. Das Licht des einen Lasers liegt im roten Bereich, das Licht des anderen im IR-Bereich (vgl. Tab. 1 und Abb. 10(b)). Zur Vereinfachung wird das Messprinzip im Folgenden am Beispiel von nur einer Richtungskomponente der Strömung beschrieben. Mit Hilfe eines Strahlteilers wird der Laserstrahl in zwei Teilstrahlen aufgespalten (s. Abb. 10(c)). Die beiden Teilstrahlen werden mit Hilfe einer Linse zur Kreuzung gebracht. In dem Kreuzungspunkt interferieren die Strahlen und es entsteht das in Abb. 10(d) dargestellte Interferenzstreifenmuster, welches aus äquidistanten Interferenzstreifen besteht. Bewegt sich ein Partikel entlang der in Abb. 10(d) als x-Achse bezeichneten Achse durch das Interferenzstreifenmuster, so ändert sich die Intensität des Lichtes, das am Partikel gestreut wird, mit einer bestimmten Frequenz. Die periodisch schwankende Lichtintensität wird von der Optik des LDV (Photomultiplier) erfasst (Rückstreuung) und daraus letztlich die Geschwindigkeit des Partikels ermittelt.
Zur Vermeidung von Richtungsambiguität wird die Frequenz von einem der beiden Teilstrahlen moduliert. Dazu befindet sich im Strahlengang dieses Teilstrahles ein optoakustischer Modulator, auch Braggzelle genannt, der die Frequenz des Laserstrahles durch Beugung ändert. Als Folge des Frequenzversatzes ist das Interferenzstreifenmuster nicht stationär. Die Interferenzstreifen bewegen sich parallel zu ihrer Flächennormalen (Achse, die senkrecht auf den Interferenzstreifen steht). Durch diese Rollbewegung kann die Strömungsrichtung ermittelt werden. Details hierzu finden sich in Strübing (1991). In der vorliegenden Arbeit wurden zwei Komponenten u und w der Strömung gemessen. Dabei ist u die horizontale Strömung, positiv in Windrichtung und w ist die vertikale Strömung, positiv zur Wasseroberfläche (vgl. Abb. 1).
Die LDV-Sonde mit der Bezeichnung „Flow Explorer" befindet sich auf einer computergesteuerten Traverse (s. Abb. 10(a)), mit deren Hilfe die Sonde in x- und z-Richtung (vgl. Abb. 1) bewegt werden kann. Die verwendete BSA-Flowsoftware der Firma DANTEC DYNAMICS berechnet u.a. mittlere Strömungsgeschwindigkeit und -richtung sowohl in horizontaler als auch in vertikaler Richtung, höhere Momente und die Datenrate.
Um ein ausreichend starkes Signal zu erhalten, werden kleine, hohle Glaskugeln mit einem mittleren Durchmesser von 11 μm in den Kanal gegeben (Seeding). Das Seeding wird mit Hilfe einer Quetschpumpe mit einer Frequenz von ca. 0,3 Hz zugetropft. Die Datenrate ist abhängig von der Menge an benötigtem Seeding. Diese wiederum hängt ab von der Messtiefe und den Messbedingungen (z.B. Messung mit oder ohne Regen). Die erreichten Datenraten lagen zwischen 11,26 Hz und 43,90 Hz $\pm$ 7,16 Hz. Für den ersten Wert kann auf Grund fehlender Aufzeichnungen keine Standardabweichung angegeben werden.
Der Vorteil des LDV gegenüber anderen Strömungsmessern, z.B. Acoustic Doppler Velocimeter (ADV), ist, dass das LDV außerhalb des Kanals operiert, und somit nicht in das Strömungsfeld eingreift. Um möglichst nahe an der Wasseroberfläche messen zu können, ist das LDV um ca. 6° geneigt (vgl. Abb. 10(a)). Diese Schrägstellung wird durch eine Koordinatentransformation berücksichtigt. Die Brechung der Laserstrahlen beim Übergang von Luft in Wasser wird ebenfalls berücksichtigt. Die Brechung durch das Kanalfenster hebt sich auf.

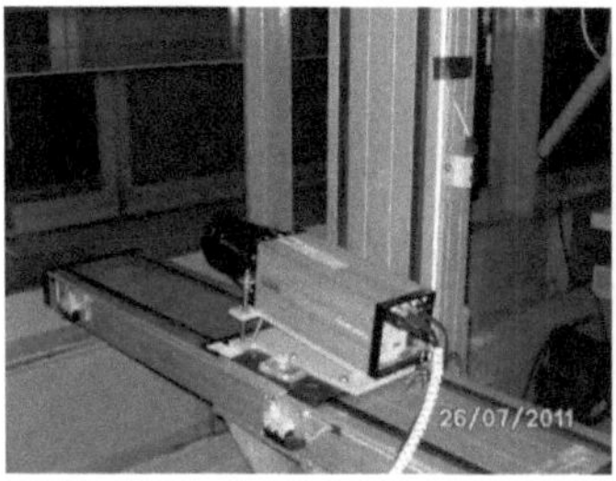

(a)

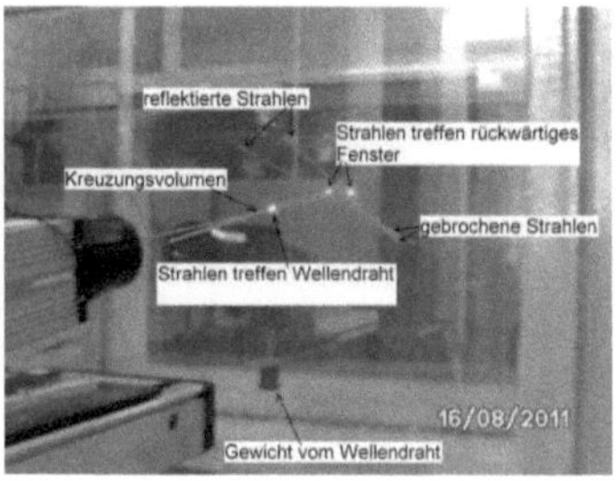

(b)

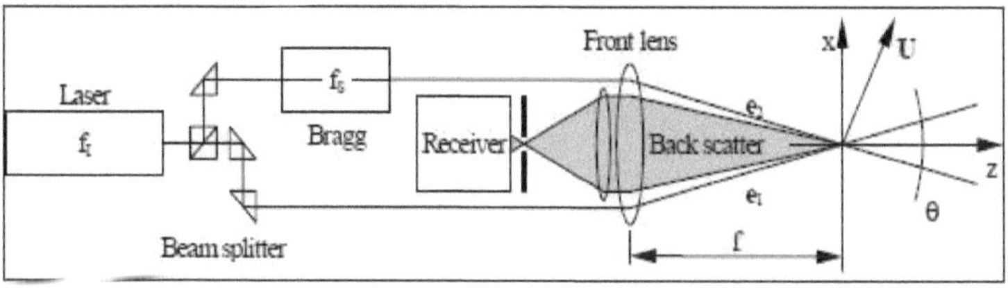

(c)

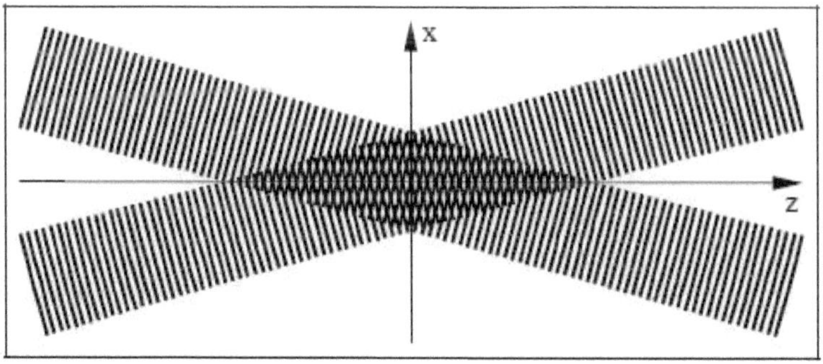

(d)

Abbildung 10: Das LDV: a) Das LDV auf der Traversiervorrichting. b) Strahlengang außerhalb der Sonde. Nur die Strahlen in der horizontalen Ebene liegen im sichtbaren Bereich. Das Kreuzungsvolumen liegt ca. 1 cm vor dem Wellendraht. c) Schematischer Aufbau des LDV für eine Richtungskomponente. Dargestellt ist das Prinzip der Rückstreuung. Grauer Bereich: vom Partikel rückgestreutes Licht. Quelle: Betriebsanleitung des LDV, Dantec Dynamics, 2006. d) Das Interferenzstreifenmuster, das im Kreuzungspunkt zweier Strahlen entsteht. Quelle: Betriebsanleitung des LDV, Dantec Dynamics, 2006

Tabelle 1: Technische Daten des LDV

	sichtbare Strahlen	IR - Strahlen
Leistung	85 mW	85 mW
Wellenlänge	660 nm	785 nm
Frequenz	4,5 $\cdot 10^{14}$ Hz	3,8 $\cdot 10^{14}$ Hz
Frequenzverschiebung	$8 \cdot 10^7$ Hz	$8 \cdot 10^7$ Hz
Brennweite	50 cm	50 cm
Messvolumen dx dz	 0,1684 mm 2,8060 mm	 0,2003 mm 3,3380 mm

2.8 Versuchsaufbau und -durchführung

Alle Messungen wurden in einem 4 m langen Abschnitt des Kanals, in der Kanalmitte durchgeführt. Der Beginn des Messabschnittes lag 12 m vom Radialgebläse entfernt. Das Flügelradanemometer war 12 m vom Windeinlass, in 65 cm Höhe über der Wasseroberfläche befestigt. Mit dem Flügelradanemometer wurde die Referenzwindgeschwindigkeit gemessen, die mit dem Radialgebläse erzeugt wurde. 3 m hinter dem Flügelradanemometer befanden sich der Wellendraht und der Laser-Neigungs-Sensor. Beide waren an einer Schiene, ca. 1 m über der Wasseroberfläche fixiert. Auftreffpunkt des Lasers und Eintauchpunkt des Wellendrahtes lagen ca. 2 cm Zentimeter auseinander (vgl. Abb. 11(d)). In diesem Bereich befand sich auch das Messvolumen des LDV. Laser-Neigungs-Sensor, Wellendraht und Messvolumen des LDV befanden sich nicht in der Mitte des Regenturmes sondern wurden von der Turmmitte ca. 85 cm in Strömungsrichtung versetzt. 1 m dahinter wurde das Prandtlrohr an einer Traversiervorrichtung montiert, die durch einen Spalt im Kanaldach in den Kanal hineinreichte. Die Kalibrierung von Windgenerator, Wellendraht und Baratron wurden Müller et al. (2011) entnommen. Der Laser-Neigungs-Sensor wurde nicht kalibriert.

Es wurden zwei Windgeschwindigkeiten von 3 m/s und 6 m/s sowie zwei Regenraten von ca. 30 mm/h und 160 mm/h gewählt, die sich, wie sich herausstellte, nur näherungsweise reproduzieren ließen. Für einen späteren Vergleich wurden die Messungen zunächst ohne Regen aufgenommen. Dazu wurde am Windgenerator die Referenzgeschwindigkeit von 3 m/s eingestellt und mit dem Prandtlrohr die Windgeschwindigkeit in 11 Höhen zwischen 2 cm und 60 cm für je 3 min gemessen. Da Prandtlrohr, Wellendraht und Laser-Neigungs-Sensor unabhängig voneinander operierten, wurden die Windprofile parallel zu Wellenhöhe und -neigung aufgenommen. Es folgten analoge Messungen bei 6 m/s Windgeschwindigkeit. Danach wurde eine Regenrate von 26 mm/h eingestellt (Becher auf Stufe 0 bei ca. 200 L/h Zuflussrate). Für die erste Messung wurden Wellenhöhe und -neigung ohne Wind bei einer Messzeit von 10 min aufgenommen. Es folgten die Aufnahme von Windprofilen, Wellenhöhe und Wellenneigung bei 3 m/s und 6 m/s Windgeschwindigkeit. Für die Regenrate von 164 mm/h wurde der Becher auf Stufe 7 gestellt und der Zufluss auf ca. 450 L/h geregelt. Nach einer 10 minütigen Messung von Wellenhöhe und -neigung bei Windstille wurden zusätzlich zu diesen beiden Größen die Windprofile bei 3 m/s und 6 m/s Windgeschwindigkeit aufgenommen. Sämtliche Messdaten wurden mit einer Abtastrate von 200 Hz digital aufgezeichnet.

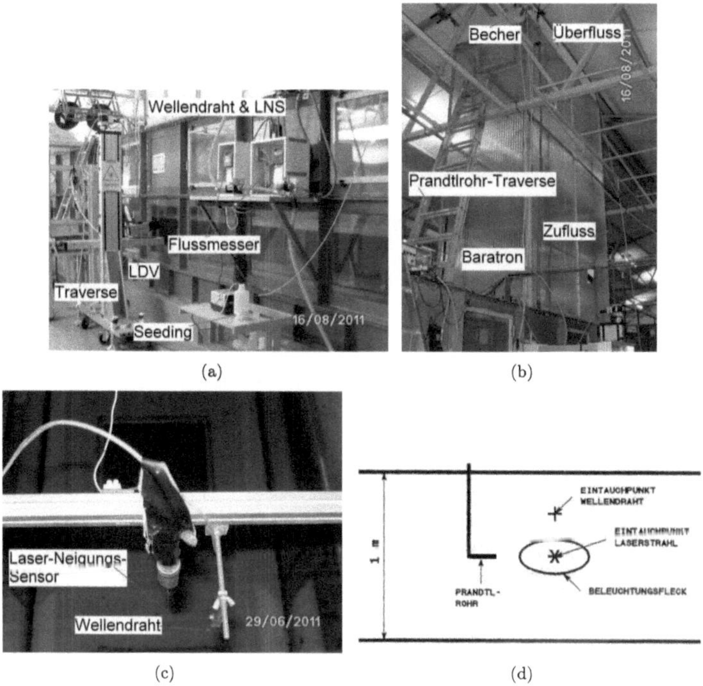

Abbildung 11: Versuchsaufbau a) von der rechten Seite. LNS: Laser-Neigungs-Sensor und b) von der linken Seite. c) Laser-Neigungs-Sensor (links) und Aufhängevorrichtung vom Wellendraht (rechts). Der Laser ist zum Schutz mit einem Schlauchstück umgeben. Der Wellendraht ist zu dünn um ihn sehen zu können. Laser-Neigungs-Sensor und Wellendraht befinden sich unter dem Regenturm. d) Abstand zwischen Eintauchpunkt von Wellendraht und Auftreffpunkt von Laser-Neigungs-Sensor. Quelle: Gade (1992)

Die Aufnahme der Strömungsprofile erfolgte nicht parallel zur Aufnahme der Windprofile. Grund hierfür war, dass die LDV-Sonde das zuvor festgelegte Profil automatisch abfuhr und die Messung in jeder angegebenen Tiefe automatisch startete. Dagegen wurde das Prandtlrohr manuell in die neue Messhöhe gebracht und die Aufnahme von Windgeschwindigkeit, Wellenhöhe und -neigung wurde ebenfalls manuell gestartet, sodass eine Synchronisation mit dem LDV nicht möglich war. Zur Aufnahme der Strömungsprofile wurde in 10 Tiefen zwischen 0,2 cm und 15 cm die Strömungsgeschwindigkeit für je 5 min mit dem LDV gemessen. Zunächst wurde das Strömungsprofil bei 3 m/s, gefolgt von 6 m/s Windgeschwindigkeit ohne Regen aufgezeichnet. Es folgten Messungen bei 3 m/s Windgeschwindigkeit und einer Regenrate von 32 mm/h. Nun wurden Messungen bei einer hohen Regenrate von 161 mm/h und 3 m/s sowie 6 m/s Windgeschwindigkeit durchgeführt. Bei gleicher Regenrate wurde dann das Strömungsprofil bei Windstille erfasst. Die letzte Messung mit Wind erfolgte bei 6 m/s Windgeschwindigkeit und einer Regenrate von 28 mm/h. Die Messung bei gleicher Regenrate und Windstille bildete den Abschluss. Parallel zu den Strömungsmessungen wurden Wellenhöhe und -neigung aufgezeichnet. Hier betrug die Messdauer 4 min, damit Zeit blieb, eine Datei für die nächste Messung anzulegen, in welche die Daten geschrieben wurden, und die Messung etwa in dem Moment manuell zu starten, in dem das LDV die nächste Messung begann.

3 Ergebnisse

3.1 Messungen an der Wasseroberfläche

3.1.1 Wellenhöhe mit und ohne Regen

Die Höhe von windgenerierten Wellen hängt von der Windgeschwindigkeit ab. Dieser Zusammenhang sowie der Einfluss von Regen auf die Wellenhöhe ist Thema dieses Abschnittes. Abb. 12 - 14 zeigen die Zeitserien der absoluten Wellenhöhe für alle Experimente. Die linke Spalte zeigt die komplette Zeitserie, die rechte Spalte zeigt einen Ausschnitt von 25 s.

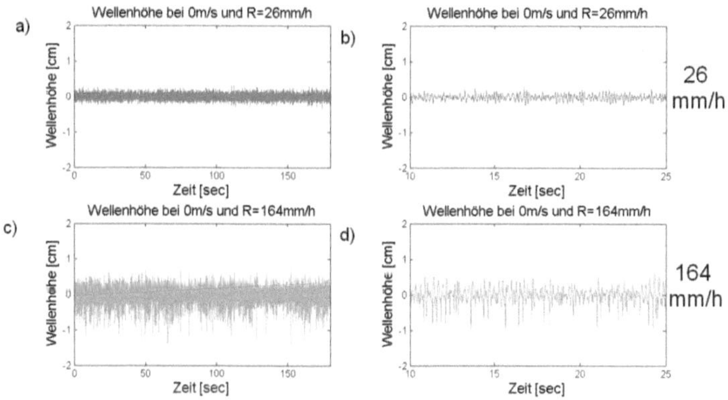

Abbildung 12: Zeitserien der Wellenhöhe bei Windstille für beide Regenraten

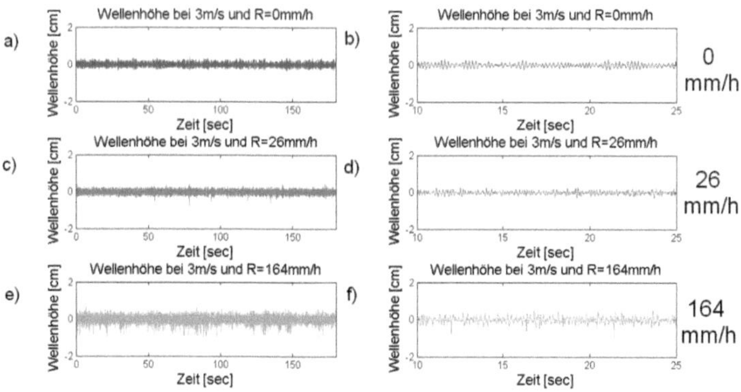

Abbildung 13: Zeitserien der Wellenhöhe bei 3 m/s Windgeschwindigkeit mit und ohne Regen

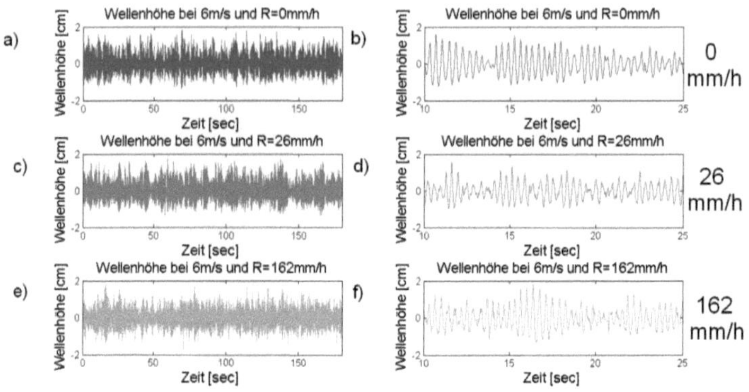

Abbildung 14: Zeitserien der Wellenhöhe bei 6 m/s Windgeschwindigkeit mit und ohne Regen

Wie zu erwarten nimmt die Wellenhöhe mit steigender Windgeschwindigkeit zu, was an dem größeren Energieeintrag liegt. Bei Windstille (Abb. 12) erzeugt die höhere Regenrate von 164 mm/h höhere Wellen, da in der gleichen Zeit mehr Impuls eingetragen wird. Die zunächst schwach ausgeprägten Schwebungen sind bei höheren Windgeschwindigkeiten deutlich stärker ausgeprägt (s. Abb. 14b,d,f).
Zum besseren Vergleich der Ergebnisse wird die mittlere Amplitude der Wellen für jede Messung bestimmt. Wie in Abschnitt 2.8 beschrieben, wird die Wellenhöhe während jeder Messreihe insgesamt 11 mal für je 3 min gemessen. Für jede 3 min - Messung wird der Mittelwert für die jeweilige Amplitude berechnet über:

$$\eta = \sqrt{2 \cdot \left(\frac{1}{N} \cdot \sum_{i=1}^{N} x_i^2 \right)} \tag{3}$$

mit: η: Wellenamplitude [cm]
N: Anzahl der Messwerte (36000)
x_i: i-ter Messwert minus dem entsprechenden Wert des Trends [cm]

Schließlich wird der Mittelwert über die 11 Amplituden gebildet. Die Ergebnisse zeigt Abb. 15 bzw. Tab. 2.Welcher funktionale Zusammenhang bei Windstille zu Grunde liegt, kann auf Grund der geringen Anzahl an Messungen nicht gesagt werden. Bei 3 m/s nimmt die Amplitude ab, sobald Regen einsetzt. Dies zeigt die Dämpfung der mittleren Wellenamplitude der dominanten Welle, wie sie bereits von Braun et al. (2004) beschrieben wurde. Ein Grund für die zunehmende Amplitude bei gleicher Windgeschwindigkeit und hoher Regenrate ist, dass bei einer geringen Windgeschwindigkeit von 3 m/s kaum Wellen generiert werden, die gedämpft werden könnten. Wie in Vorexperimenten festgestellt wurde, ist die Tropfengröße bei allen Regenraten konstant, sodass die Zunahme der mittleren Amplitude bei 3 m/s Windgeschwindigkeit nicht auf eine Änderung der Tropfengröße zurückzuführen ist.

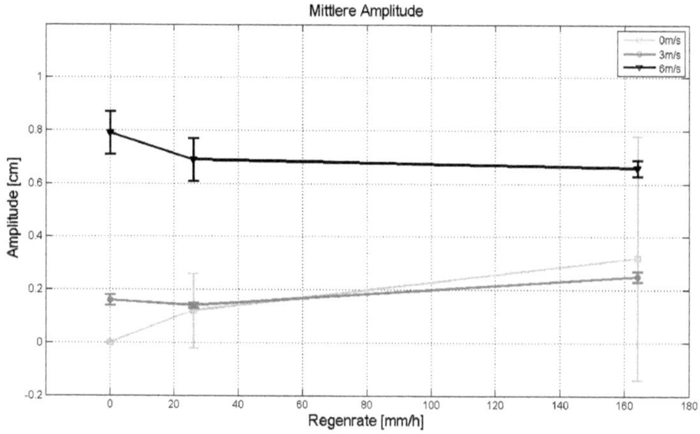

Abbildung 15: Mittlere Amplitude für alle Experimente. Türkis: 0 m/s, magenta: 3 m/s, schwarz: 6 m/s Windgeschwindigkeit

Tabelle 2: Mittlere Wellenamplitude für alle Experimente

Wind	Regen	η [cm]
0 m/s	26 mm/h	0,12 ± 0,14
	164 mm/h	0,32 ± 0,46
3 m/s	0 mm/h	0,16 ± 0,02
	26 mm/h	0,14 ± 0,01
	164 mm/h	0,25 ± 0,02
6 m/s	0 mm/h	0,79 ± 0,08
	26 mm/h	0,69 ± 0,08
	164 mm/h	0,66 ± 0,03

Für 6 m/s Windgeschwindigkeit ist die mittlere Wellenamplitude deutlich höher als für die beiden anderen Windgeschwindigkeiten. Wie oben angesprochen, ist dies mit dem höheren Energieeintrag in das Wasser zu erklären. Sobald Regen einsetzt, nimmt die mittlere Amplitude ab. Somit kommt es auch bei der hohen Windgeschwindigkeit zu einer Dämpfung der mittleren Amplitude. Eine Erhöhung der Regenrate führt zu einer weiteren Dämpfung der mittleren Amplitude. Der Grund für die auffallend hohe Standardabweichung bei Windstille und hoher Regenrate ist unbekannt.
Auch Gade (1992) hat die mittlere Wellenamplitude bei unterschiedlichen Windgeschwindigkeiten berechnet, allerdings ohne Regen. Für eine Windgeschwindigkeit von 3 m/s berechnet Gade (1992) eine Amplitude von ca. 0,24 cm, was um Faktor 1,5 über dem hier bestimmten Wert liegt und außerhalb der hier bestimmten Standardabweichung (s. Tab. 2). Ein möglicher Grund für die Diskrepanz ist die Art wie die Amplitude berechnet wurde. Zwar wurde in beiden Arbeiten ein Wellendraht benutzt und auch die Formeln stimmen überein, allerdings wurde in dieser Arbeit der Mittelwert über 11 Mittelwerte gebildet, wohingegen Gade (1992) den Mittelwert jeweils über eine einzelne Messung von 90 Sekunden gebildet hat. Für 6 m/s

Windgeschwindigkeit erhält Gade (1992) eine mittlere Amplitude von ca. 0,7 cm, was um Faktor 0,9 unter dem hier bestimmten Wert liegt. Die Begründung ist die gleiche wie für 3 m/s Windgeschwindigkeit. Die kleinere Diskrepanz bei der hohen Windgeschwindigkeit ist auf ein winddominiertes und weitestgehend gleichförmiges Wellenfeld zurückzuführen. Eine zuverlässigere Methode, den Einfluss von Regen auf das Wellenfeld zu untersuchen ist die Betrachtung der Wellenhöhenspektren.

3.1.2 Wellenhöhenspektren mit und ohne Regen

Aus den Zeitserien der Wellenhöhe wurden die Spektren der Wellenhöhe mit einer Fast-Fourier-Transformation (FFT) über je 4096 Werte mit einer Überlappung von 4000 Werten berechnet. Bei einer Nyquist-Frequenz von 200 Hz beträgt die Auflösung der Spektren 0,05 Hz. Abb. 16 - 18 zeigen die Wellenhöhenspektren bei Windstille, 3 m/s und 6 m/s Windgeschwindigkeit mit und ohne Regen.

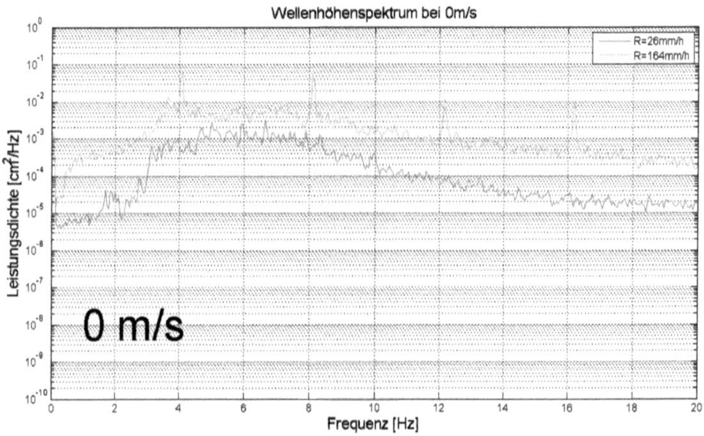

Abbildung 16: Wellenhöhenspektren bei Windstille mit Regen. Rot: 26 mm/h, grün: 164 mm/h

Bei Windstille und kleiner Regenrate (Abb. 16) beobachten wir ein breites Maximum zwischen 3 Hz - 8 Hz. Die Leistungsdichte bei 164 mm/h Regenrate weist einen ähnlichen Verlauf auf wie für die kleine Regenrate. Sie liegt aber etwa eine Größenordnung über der Leistungsdichte der kleinen Regenrate. Bei höheren Regenraten wird also mehr Energie in die oberen Wasserschichten eingetragen. Außerdem befinden sich bei 4 Hz, 8 Hz, 12 Hz und 16 Hz Maxima, die auf die Tropfrate und höhere Harmonische zurückzuführen sind (Braun, 2002).
Bei 3 m/s Windgeschwindigkeit und ohne Regen (blaue Kurve in Abb. 17) befindet sich das Hauptmaximum bei ca. 4,5 Hz - 5,0 Hz. Die erste Harmonische liegt bei ca. 9 Hz - 10 Hz. In Anwesenheit von Regen ist kein ausgeprägtes Maximum erkennbar. Daraus lässt sich schließen, dass Regen die dominante Welle dämpft. Dies zeigt, dass für kleine Windgeschwindigkeiten der Regen das Wellenfeld dominiert. Für Frequenzen, die über 10 Hz liegen, ist das Verhältnis der Leistungsdichten zwischen dem Fall ohne Regen und kleiner Regenrate groß. Dabei ist die Leistungsdichte bei klei-

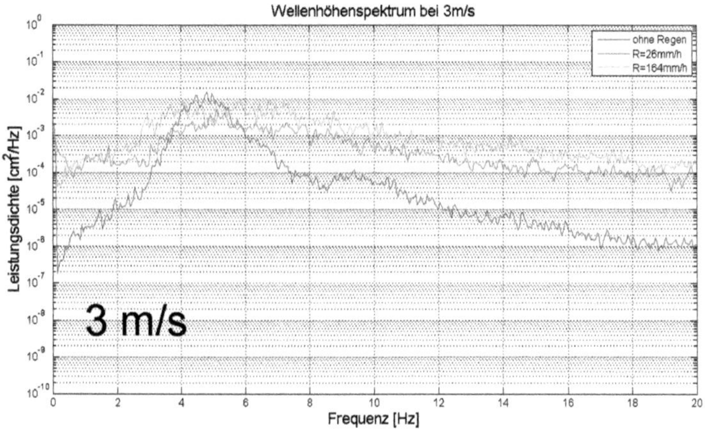

Abbildung 17: Wellenhöhenspektren bei 3 m/s Windgeschwindigkeit mit und ohne Regen. Blau: 0 mm/h, rot: 26 mm/h, grün: 164 mm/h

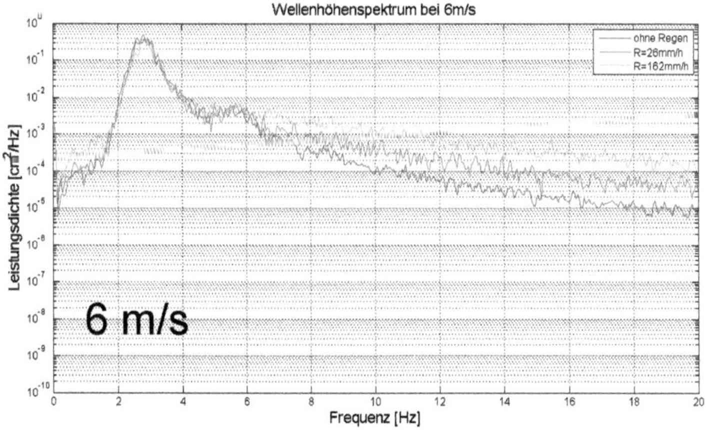

Abbildung 18: Wellenhöhenspektren bei 6 m/s Windgeschwindigkeit mit und ohne Regen. Blau: 0 mm/h, rot: 26 mm/h, grün: 162 mm/h

ner Regenrate größer als ohne Regen (vgl. blaue und rote Kurve in Abb. 17). Das Verhältnis beider Regenraten (rote und grüne Kurve) im gleichen Frequenzbereich ist klein, wobei die Leistungsdichte bei der höheren Regenrate etwas größer ist als bei der kleinen Regenrate. Damit zeigt sich eine Abhängigkeit der Leistungsdichte von der Regenrate. Außerdem wird auf Grund des Windes mehr Energie in das Wasser eingetragen als bei Windstille. Dies lässt sich aus den höheren Leistungsdichten

schließen (vgl. Abb. 16 und 17). Sowohl für Windstille als auch für 3 m/s Windgeschwindigkeit weisen die Spektren in Anwesenheit von Regen einen ähnlichen Verlauf auf. Dies zeigt die Dominanz des Regens über das Wellenfeld bei kleinen Windgeschwindigkeiten.
Bei 6 m/s Windgeschwindigkeit (Abb. 18) verschiebt sich das Hauptmaximum für alle Messungen zu einer kleineren Frequenz von ca. 3 Hz. Die erste Harmonische verschiebt sich für alle drei Regenraten von 9 Hz auf ca. 6 Hz (vgl. Abb. 17 und 18). Es findet wenig Wellendämpfung durch Regen statt, da der Wind das Wellenfeld dominiert. Im Bereich höherer Frequenzen ist die Leistungsdichte im Fall ohne Regen am geringsten. Für 26 mm/h Regenrate ist die Leistungsdichte höher, am größten ist sie für die höchste Regenrate. Auch hier beobachten wir also eine Abhängigkeit der Leistungsdichte von der Regenrate. Auf Grund der höheren Windgeschwindigkeit erfolgt ein zusätzlicher Energieeintrag.

3.1.3 Relative Wellenneigung mit und ohne Regen

Mit Hilfe des Laser-Neigungs-Sensors kann die Neigung der Wellen sowohl in x- als auch in y-Richtung gemessen werden[2]. Abb. 19 - 21 zeigen die relative Wellenneigung für alle Experimente. Aus Gründen der Übersichtlichkeit sind jeweils 3000 der 36000 Werte, oder 15 s der 3 min Messzeit, dargestellt.

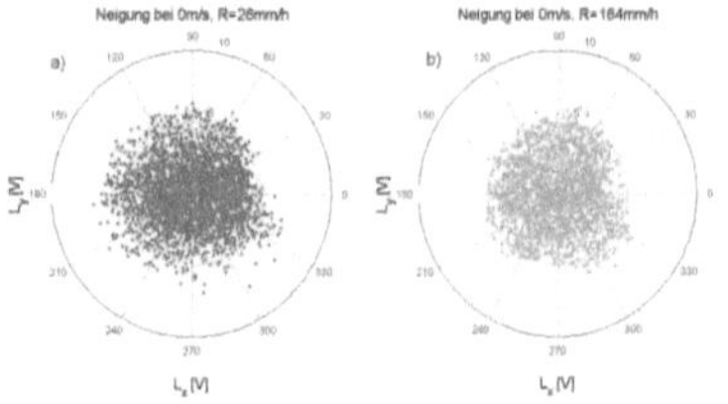

Abbildung 19: Relative Wellenneigung bei Windstille mit Regen. L_x bzw. L_y meint die Auslenkung des Laserpunktes auf der Diode in x- bzw. y-Richtung.

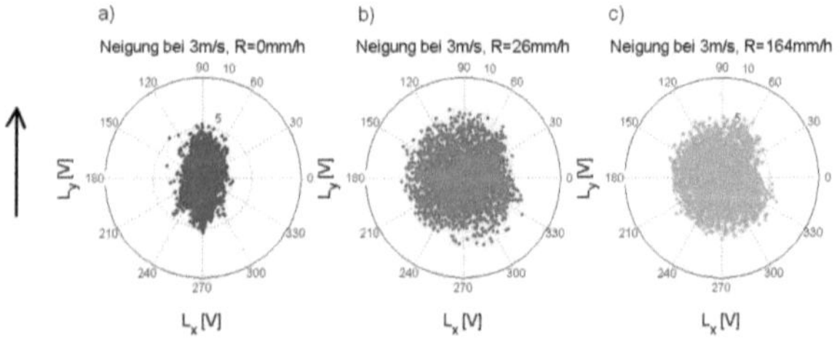

Abbildung 20: Relative Wellenneigung bei 3 m/s Windgeschwindigkeit mit und ohne Regen. Der Pfeil gibt die Windrichtung an.

[2]x-Richtung: quer zur Windrichtung, y-Richtung: in Windrichtung

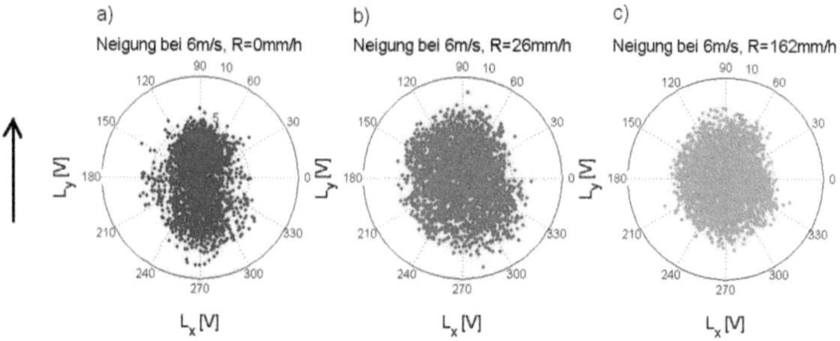

Abbildung 21: Relative Wellenneigung bei 6 m/s Windgeschwindigkeit mit und ohne Regen. Der Pfeil gibt die Windrichtung an.

Jeder Punkt zeigt das Ende des Vektors, der seinen Ursprung im Zentrum, also bei 0 V, hat. Der Wind weht parallel zur senkrechten Achse. Diese Achse zeigt damit die Neigung in y-Richtung. Eine Neigung von 90° bedeutet eine Neigung entgegen der Windrichtung, eine Neigung von 270° in Windrichtung. Analog wird die x-Richtung durch die waagerechte Achse repräsentiert. Da der Laser-Neigungs-Sensor im Rahmen dieser Arbeit nicht kalibriert werden konnte, können für den Betrag L der Neigung nur relative Angaben gemacht werden.
Bei Windstille (Abb. 19) verteilen sich die Beträge relativ gleichmäßig um das Zentrum. Es gibt kaum Unterschiede zwischen großer und kleiner Regenrate. Bei Windstille sorgen lediglich die von den Tropfen hervorgerufenen Ringwellen für ein Signal. Diese breiten sich radial vom Auftreffpunkt aus und sorgen so für eine gleichmäßige Neigung in x- und y-Richtung.
Bei 3 m/s Windgeschwindigkeit sind Unterschiede zwischen Messungen mit und ohne Regen erkennbar (s. Abb. 20). Ohne Regen häufen sich die Messwerte näher an der y-Achse, sodass die Verteilung eine ovale Form aufweist. Die Wellen neigen sich also erwartungsgemäß in Windrichtung und entsprechend wieder zurück. Die meisten Wellen weisen eine Neigung auf, die etwas kleiner als 90° ist, was bedeutet, dass die Wellen relativ zur Windrichtung etwas nach rechts propagieren. Andererseits ist es auch möglich, dass die Diode, auf die der Laserstrahl trifft, nicht exakt ausgerichtet war und es so zu einer Verfälschung der Messergebnisse gekommen ist. Fällt zusätzlich zum Wind auch Regen, sorgen die Ringwellen für Wellenneigung in x-Richtung und die Verteilung ist wieder nahezu gleichmäßig. Dies zeigt deutlich, dass bei 3 m/s Windgeschwindigkeit der Regen das Wellenfeld dominiert. Eine Erhöhung der Regenrate verkleinert den Neigungsbetrag etwas, d.h. die Wellen sind bei starkem Regen flacher.
Eine Erhöhung der Windgeschwindigkeit auf 6 m/s vergrößert die Wellenneigung in beiden Richtungen (s. Abb. 21). Grund hierfür ist der höhere Energieeintrag in das Wasser in Folge der höheren Windgeschwindigkeit. Für die Messung ohne Regen bleibt die ovale Form der Verteilung der Werte erhalten. D.h. dass das Wellenfeld, wie auch bei 3 m/s Windgeschwindigkeit, in Windrichtung gerichtet ist. Aus den etwas kleineren Neigungen bei der hohen Regenrate lässt sich auf eine Abflachung der Wellen schließen.
Bei 3 m/s Windgeschwindigkeit und ohne Regen (Abb. 20 a)) steigen die Wellen nahezu genauso steil an wie sie abfallen, wie sich an der symmetrischen Verteilung

der Messwerte um die x-Achse erkennen lässt. Bei 6 m/s Windgeschwindigkeit ist die Verteilung um die x-Achse asymmetrisch, da sich die Wellen mehr in Windrichtung neigen als entgegen der Windrichtung. D.h. dass die Wellen vorne steil ansteigen (relativ zur Bewegungsrichtung) und hinten flach abfallen.

3.1.4 Wellenneigungsspektren in x- und y-Richtung mit und ohne Regen

Im Folgenden soll der Einfluss von Regen auf die Neigung der Wellen mit Hilfe der Wellenneigungsspektren untersucht werden. Abb. 22 und 23 zeigen die diese Spektren für die Neigung in x- und y-Richtung bei Windstille und beiden Regenraten, d.h. wir betrachten die Neigungsspektren von Ringwellen.

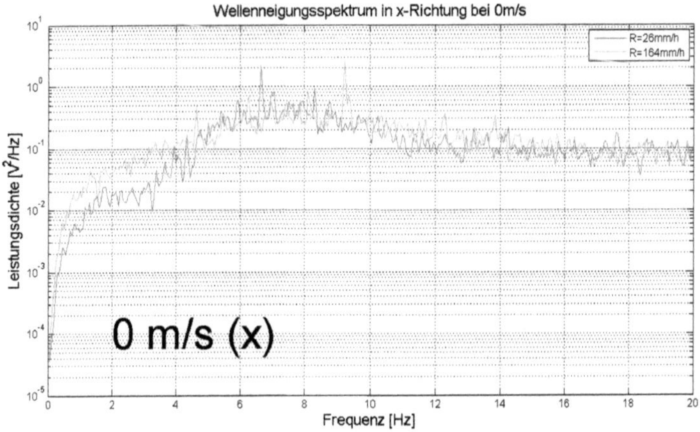

Abbildung 22: Wellenneigungsspektren in x-Richtung bei Windstille mit Regen. Rot: 26 mm/h, grün: 164 mm/h

Für beide Regenraten und beide Richtungen liegt das Hauptmaximum zwischen 6 Hz und 10 Hz. Für hohe Frequenzen liegen die Leistungsdichten beider Regenraten in der gleichen Größenordnung. Dabei ist die Leistungsdichte für 164 mm/h (grüne Kurve) für beide Richtungen höher als bei der kleinen Regenrate.
Abb. 24 und 25 zeigen die Wellenneigung für beide Richtungen und alle Regenraten bei 3 m/s Windgeschwindigkeit. In Abwesenheit von Regen beobachten wir für beide Richtungen ein Maximum bei ca. 5 Hz. In y-Richtung tritt die erste Harmonische der dominanten Welle bei ca. 9 Hz - 11 Hz auf. In Gegenwart von Regen wird das Hauptmaximum vor allem in y-Richtung breiter und kleiner. Eine kleinere Leistungsdichte in der Neigung bedeutet, dass die Wellen im Regenfall flacher sind, wobei dies eine lineare Wellentheorie voraussetzt. In der Abflachung der Wellen zeigt sich die Dominanz des Regens. Für Frequenzen, die über denen der Maxima liegen, ist das Verhältnis zwischen den Leistungsdichten in Abwesenheit von Regen und bei 26 mm/h Regenrate groß. In Gegenwart von Regen ist also der Energieeintrag in das Wasser höher als wenn nur Wind allein auf die Wasseroberfläche wirkt. Auch bei 3 m/s Windgeschwindigkeit liegen die Leistungsdichten beider Regenraten in der gleichen Größenordnung, wobei die Leistungsdichte bei hoher Regenrate (grüne Kurve)

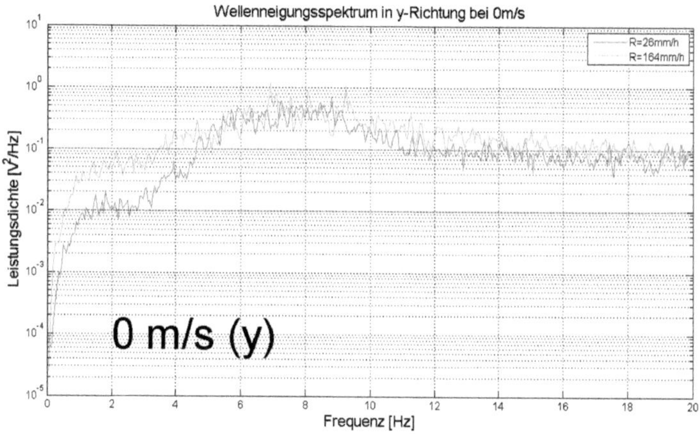

Abbildung 23: Wellenneigungsspektren in y-Richtung bei Windstille mit Regen. Rot: 26 mm/h, grün: 164 mm/h

höher ist. Wie bei der Wellenamplitude, so zeigt sich auch in der Wellenneigung eine Abhängigkeit der Leistungsdichte von der Regenrate. In x-Richtung ist die abflachende Wirkung des Regens schwächer ausgeprägt, wie sich aus dem kleineren Verhältnis der Hauptmaxima schließen lässt (vgl. Abb. 24 und 25).

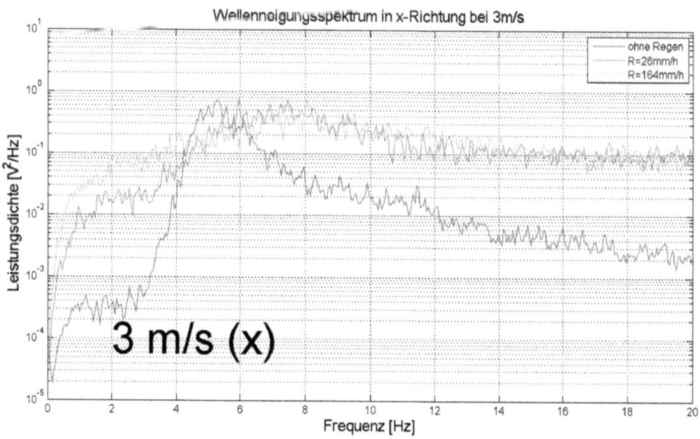

Abbildung 24: Wellenneigungsspektren in x-Richtung bei 3 m/s Windgeschwindigkeit mit und ohne Regen. Blau: 0 mm/h, rot: 26 mm/h, grün: 164 mm/h

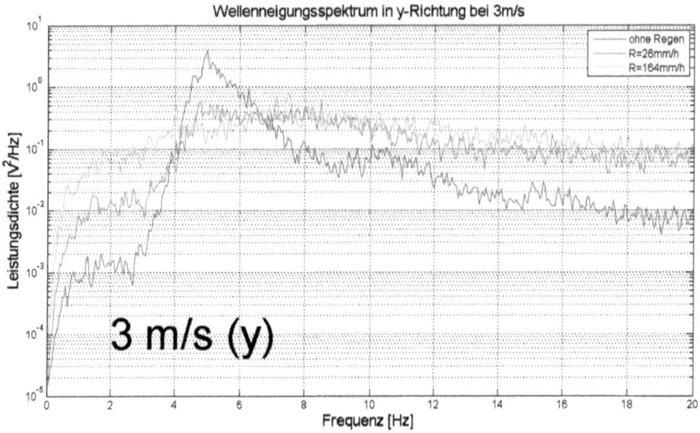

Abbildung 25: Wellenneigungsspektren in y-Richtung bei 3 m/s Windgeschwindigkeit mit und ohne Regen. Blau: 0 mm/h, rot: 26 mm/h, grün: 164 mm/h

Abb. 26 und 27 zeigt die Wellenneigung für 6 m/s Windgeschwindigkeit und beide Richtungen.

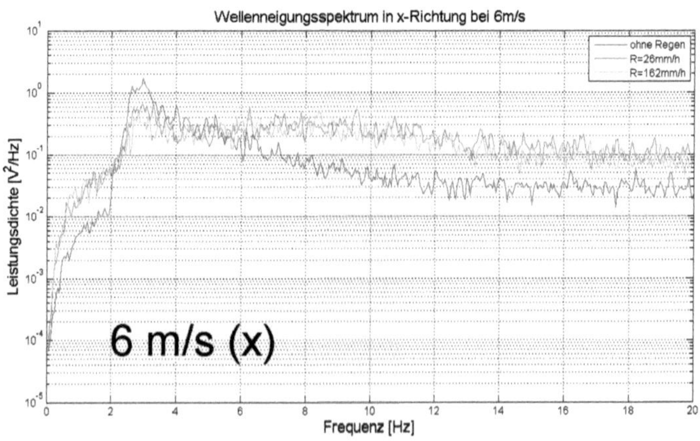

Abbildung 26: Wellenneigungsspektren in x-Richtung bei 6 m/s Windgeschwindigkeit mit und ohne Regen. Blau: 0 mm/h, rot: 26 mm/h, grün: 162 mm/h

Das Hauptmaximum verschiebt sich in Abwesenheit von Regen zu einer kleineren Frequenz von ca. 3 Hz. Die erste Harmonische der y-Richtung in Abwesenheit von Regen ist zu der kleineren Frequenz von 6 Hz verschoben. In beiden Richtungen ist die Leistungsdichte für die Frequenz der dominanten Wellen in beiden Regenfällen kleiner als im Fall ohne Regen. Somit bewirkt Regen auch bei der hohen

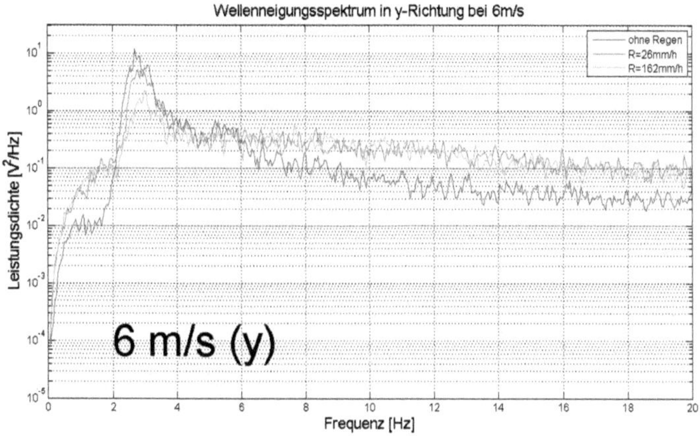

Abbildung 27: Wellenneigungsspektren in y-Richtung bei 6 m/s Windgeschwindigkeit mit und ohne Regen. Blau: 0 mm/h, rot: 26 mm/h, grün: 162 mm/h

Windgeschwindigkeit eine Abflachung der Wellen. Im Frequenzbereich oberhalb der Frequenzen der Maxima ist das Verhältnis der Leistungsspektren für den Fall ohne Regen und der kleinen Regenrate groß. Das Verhältnis beider Regenraten im gleichen Frequenzbereich ist klein. Auch hier zeigt sich, dass Regen den Energieeintrag in die oberen Wasserschichten erhöht. Die Menge dieses Energieeintrages hängt bei 26 mm/h und 164 mm/h von der Regenrate ab. Auch bei Braun (1998) ist die Leistungsdichte in Anwesenheit von Regen erhöht. Allerdings stellt Braun (1998) für die Wellenneigung keinen Bezug zwischen Energieeintrag und Regenrate her. Lediglich für die Wellenhöhe beschreibt Braun (1998) eine Abhängigkeit des Energieeintrages von der Regenrate, wie sie auch in dieser Arbeit beobachtet wurde.

3.1.5 Zusammenfassung der Ergebnisse der Messungen an der Wasseroberfläche

Die mittlere Wellenhöhe steigt mit zunehmender Windgeschwindigkeit an. Bei Windstille und 3 m/s Windgeschwindigkeit dominiert der Regen das Wellenfeld. Dies zeigt sich in einer Dämpfung der Wellenamplitude. Die Frequenz der dominanten Welle bei 3 m/s Windgeschwindigkeit beträgt ca. 4,5 Hz - 5,0 Hz. Für 6 m/s Windgeschwindigkeit verschiebt sich diese Frequenz auf ca. 3 Hz. Bei hohen Windgeschwindigkeiten werden nur die Wellen gedämpft, die mit niedrigen Frequenzen (unter 5 Hz) angeregt werden. In der relativen Wellenneigung äußert sich die Dominanz des Regens bei allen Windgeschwindigkeiten in einer Abflachung der Wellen. Ohne Regen sind die Wellen in Windrichtung gerichtet. Bei hohen Windgeschwindigkeiten haben die Wellen eine asymmetrische Form, d.h. sie steigen steil an und fallen flach ab. Für Frequenzen, die oberhalb der Frequenzen liegen, bei denen Maxima auftreten, erhöht sich der Energieeintrag in das Wasser schon bei kleinen Regenraten. Die Höhe der Regenrate hat Einfluss auf die Menge der eingetragenen Energie.

3.2 Messungen über der Wasseroberfläche

3.2.1 Windprofile mit und ohne Regen

Abb. 28 zeigt einen Vergleich der Windprofile, die mit und ohne Regen aufgenommen wurden.

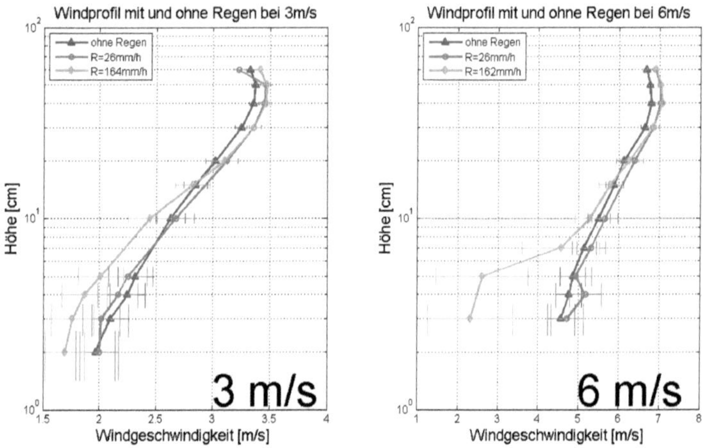

Abbildung 28: Windprofile mit und ohne Regen bei a) 3 m/s und b) 6 m/s Windgeschwindigkeit. Blau: 0 mm/h, rot: 26 mm/h, grün: 164 mm/h

Soweit nicht anders gesagt, beziehen sich die folgenden Aussagen auf beide Referenz-Windgeschwindigkeiten u_{ref} von 3 m/s und 6 m/s. Sowohl an der Wasseroberfläche als auch an der Kanaldecke bildet sich eine Grenzschicht, innerhalb derer die Windgeschwindigkeit relativ gering ist. Als Folge der Massenerhaltung muss die Luft in Abwesenheit von Regen in der Kanalmitte schneller strömen. Im Regenfall ist die Windgeschwindigkeit nahe der Wasseroberfläche geringer als in Abwesenheit von Regen. Grund hierfür ist die erhöhte Rauhigkeit der Wasseroberfläche in Folge der Tropfenaufprallprodukte wie Jets, Krater und Kronen. Da die Rauhigkeit mit steigender Regenrate zunimmt, ist die Windgeschwindigkeit für 164 mm/h Regenrate (grüne Kurve) an der Wasseroberfläche geringer als für 26 mm/h Regenrate (rote Kurve). Des Weiteren ist die Windgeschwindigkeit in Anwesenheit von Regen ab einer Höhe von ca. 10 cm ($u_{ref} = 3$ m/s, rote Kurve) bzw. 20 cm ($u_{ref} = 3$ m/s, grüne Kurve) höher als die Windgeschwindigkeit in Abwesenheit von Regen (blaue Kurve). Bei $u_{ref} = 6$ m/s ist dies für die kleine Regenrate (rote Kurve) in jeder Höhe der Fall, für die hohe Regenrate (grüne Kurve) ab ca. 20 cm (Abb. 28 b)). Zu erklären ist dies mit der Massenerhaltung: da die Luft im Regenfall nahe der Wasseroberfläche langsamer strömt als in Abwesenheit von Regen, muss sie in der Kanalmitte schneller strömen als in Abwesenheit von Regen.

Auffallend ist, dass die erreichten maximalen Geschwindigkeiten im Fall von 3 m/s Windgeschwindigkeit ca. 0,4 m/s - 0,5 m/s und im Fall von 6 m/s Windgeschwindigkeit ca. 0,8 m/s - 1,0 m/s über der Referenzgeschwindigkeit liegen. Grund hierfür ist, dass das Prandtlrohr ca. 3 m hinter dem Anemometer, das die Referenzgeschwin-

digkeit misst, montiert ist. Dies ist insofern entscheidend, als die Mächtigkeit der Grenzschicht über die gesamte Kanallänge zunimmt. Dadurch verringert sich die Querschnittsfläche, durch die die Luft strömen kann, ohne in den Bereich der Grenzschichten zu kommen. In Folge dessen muss die Luft schneller strömen (Massenerhaltung).
Wie den Fehlerbalken zu entnehmen ist, ist die Standardabweichung nahe der Wasseroberfläche relativ groß, was bedeutet, dass die Werte stärker streuen. Zu erklären ist dies mit dem störenden Einfluss des Wassers: die Rauhigkeit des Wassers sorgt für turbulente Strömungen. Für große Distanzen zwischen Prandtlrohr und Wasseroberfläche ist die Standardabweichung klein, d.h. die gemessenen Werte streuen weniger. Grund hierfür ist ein weitestgehend laminares Windfeld ohne große Turbulenzen. Diese Zusammenhänge finden sich auch in der Turbulenzintensität und der turbulenten kinetischen Energie (TKE) (Abschnitt 3.2.3).
Zu jedem Zeitpunkt gibt der Wind Energie an die Kanalwände und an die Wasseroberfläche ab. Während die Wände die aufgenommene Energie in Wärme umsetzen, bilden sich an der Wasseroberfläche Wellen, wobei die Energie, die zur Bildung dieser Wellen benutzt wird, letztlich auch dissipiert und in Wärme umgewandelt wird.
Abb. 29 gibt einen Eindruck, wie sich Wind auf einer beregneten Wasseroberfläche auswirkt.

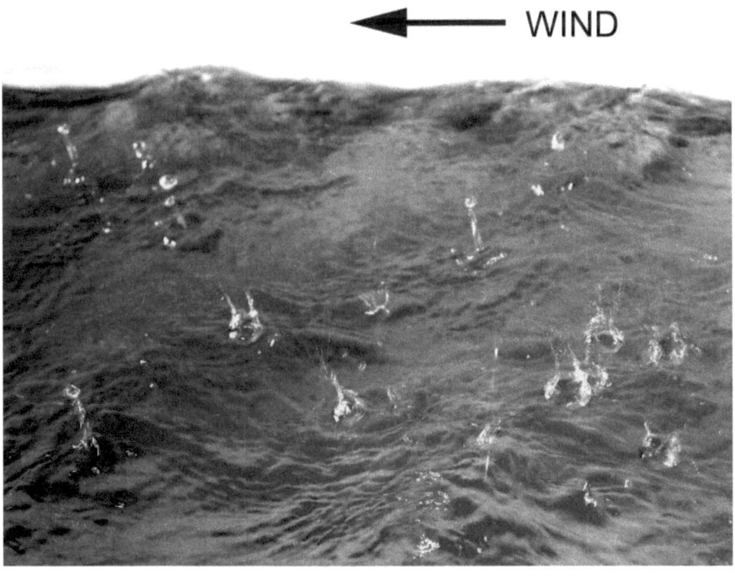

Abbildung 29: Tropfenaufprallprodukte, die vom Wind abgelenkt werden. Gut erkennbar sind Kronen, Sekundärtropfen und Stempel. Quelle: Braun et al. (2004)

3.2.2 Schubspannungsgeschwindigkeit in der Luft

Wie in Abb. 28 erkennbar, weisen die Windprofile in Anwesenheit von Regen eine kleinere Steigung auf. Grund hierfür ist die höhere Rauhigkeit der Wasseroberfläche in Anwesenheit von Regen. Aus der Steigung der Windprofile kann die Schubspannungsgeschwindigkeit in Luft $u_{*,l}$ bestimmt werden. Die Schubspannungsgeschwindigkeit ist ein Maß für den Windstress an der Wasseroberfläche. Durch die Bewegung der Luft über dem Wasser entsteht Reibung an der Grenzfläche und damit eine (Schub-) Spannung. Mathematisch ist die Schubspannungsgeschwindigkeit „ein Maß für die Steigung des logarithmischen Geschwindigkeitsprofils des Windes" (Gade, 1992). Je kleiner die Steigung des Profils ist, desto größer ist $u_{*,l}$. Die Schubspannungsgeschwindigkeit kann berechnet werden über (Mitsuyasu & Honda, 1982):

$$U(z) = \frac{u_{*,l}}{\kappa} \cdot ln\frac{z}{z_0} \tag{4}$$

mit: U(z): Windgeschwindigkeit in der Höhe z [m/s]
$u_{*,l}$: Schubspannungsgeschwindigkeit in der Luft [m/s]
$\kappa \approx 0{,}4$: Kármán-Konstante [1]
z: Höhe [m]
z_0: Rauhigkeitslänge des Wassers [m]

Durch die vom Regen hervorgerufenen Tropfenaufprallprodukte wird die Wasseroberfläche rauer. Dadurch kann der Wind einerseits besser an der Wasseroberfläche angreifen, andererseits verringert sich die Windgeschwindigkeit in Folge der Energieabgabe an die Tropfenaufprallprodukte. D.h. bei Messungen mit Regen beobachten wir eine größere Schubspannungsgeschwindigkeit.

Da wir die Höhe z als Funktion der Windgeschwindigkeit U darstellen, muss Gl. 4 entsprechend umgestellt werden:

$$ln(z) = \frac{\kappa}{u_{*,l}} \cdot U(z) + ln(|z_0|) \tag{5}$$

Zur Bestimmung der Schubspannungsgeschwindigkeit wird der logarithmische Abschnitt des Windprofils durch eine lineare Regression angenähert. Die Regressionsgerade ist die beste Näherung für Gl. 5. Dann kann mit einem Koeffizientenvergleich $u_{*,l}$ bestimmt werden: m = $\frac{\kappa}{u_{*,l}}$ bzw. $u_{*,l} = \frac{\kappa}{m}$, wobei m die Steigung der Regressionsgeraden ist. Für die Rauhigkeitslänge gilt: $b = ln(z_0)$ bzw. $z_0 = e^b$. Abb. 30 zeigt das Vorgehen am Beispiel von 3 m/s Windgeschwindigkeit und ohne Regen. Mit der Steigung der Regressionsgeraden und oben genannten Gleichungen ergibt sich eine Schubspannungsgeschwindigkeit von $u_{*,l} = \frac{0.4}{1.8905 s/m} \approx 0.21 m/s$. Die Rauhigkeitslänge beträgt: $|z_0| = e^{-2{,}7164} \approx 0{,}07$. Für die übrigen Experimente ergeben sich folgende Werte:

Tabelle 3: Schubspannungsgeschwindigkeiten in Luft für alle Experimente. b ist der y-Achsen-Abschnitt

Wind	Regen	m [s/m]	b [1]	$u_{*,l}$ [m/s]	z_0 [m]
3 m/s	0 mm/h	1,89	-2,72	0,21	0,07
	26 mm/h	1,60	-1,99	0,25	0,14
	161 mm/h	1,28	-0,90	0,31	0,41
6 m/s	0 mm/h	0,98	-3,08	0,41	0,05
	26 mm/h	0,95	-3,07	0,42	0,05
	162 mm/h	0,69	-1,31	0,58	0,27

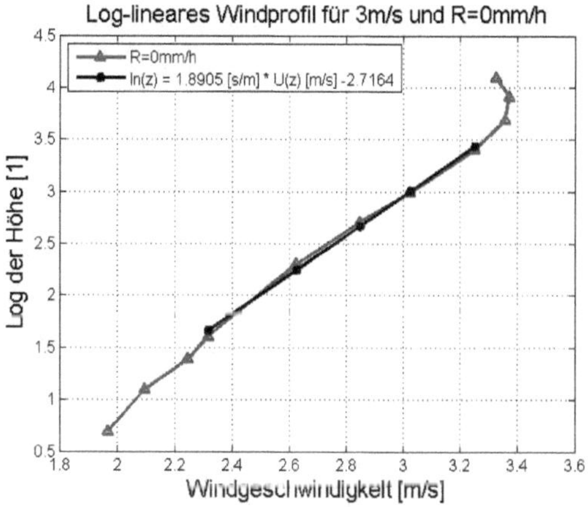

Abbildung 30: Logarithmisch-lineares Windprofil bei 3 m/s Windgeschwindigkeit ohne Regen mit Fit

Abb. 31 zeigt den graphischen Zusammenhang zwischen Schubspannungsgeschwindigkeit und Regenrate. Die Schubspannungsgeschwindigkeit steigt mit zunehmender Regenrate und Windgeschwindigkeit. Eine höhere Windgeschwindigkeit bewirkt einen höheren Stress an der Wasseroberfläche, wodurch die Schubspannungsgeschwindigkeit steigt. Bei gleicher Windgeschwindigkeit aber höherer Regenrate ist die Wasseroberfläche rauer. Dadurch kann der Wind besser an das Wasser angreifen, was mehr Windstress an der Wasseroberfläche zur Folge hat und die Schubspannungsgeschwindigkeit erhöht. Welcher funktionale Zusammenhang zwischen Regenrate und Schubspannungsgeschwindigkeit vorliegt, kann auf Grund der geringen Anzahl an Messungen nicht gesagt werden. Es scheint aber ein nicht-linearer Zusammenhang vorzuliegen. Zur Verifizierung dieser Vermutung sind weitere Experimente mit einer größeren Anzahl an Regenraten nötig. Für alle Messungen ist die Rauhigkeitslänge bei 6 m/s Windgeschwindigkeit kleiner als bei 3 m/s. Bei der Betrachtung dieser Größe ist allerdings zu beachten, dass der Wert von z_0 stark davon abhängt, über welchen Bereich der Messwerte die lineare Regression gelegt wird. Für die kleine Windgeschwindigkeit nimmt die Rauhigkeitslänge mit der Regenrate zu (s. Tab. 3). Grund hierfür ist eine rauere Wasseroberfläche bei starkem Regen in Folge von Stempeln, Kratern und Kronen.

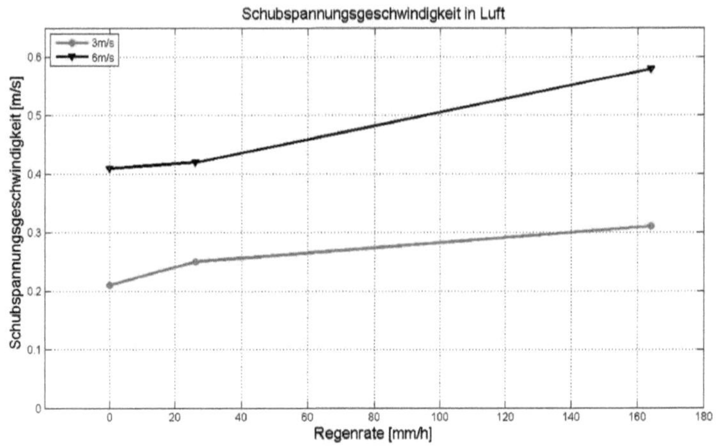

Abbildung 31: Schubspannungsgeschwindigkeiten in Luft für alle Experimente

Für die hohe Windgeschwindigkeit nimmt die Rauhigkeitslänge ebenfalls mit der Regenrate zu, allerdings steigt sie langsamer an. Diese Zusammenhänge zeigen, dass das Erscheinungsbild der Wasseroberfläche bei kleinen Windgeschwindigkeiten von den Tropfenaufprallprodukten geprägt ist. Bei hohen Windgeschwindigkeiten ist dieser Einfluss ebenfalls vorhanden. Allerdings hat der Wind stärkeren Einfluss auf die Wasseroberfläche, was sich in der Bildung von Oberflächenwellen zeigt. Im Vergleich dazu ist der Einfluss des Regens gering.

3.2.3 Turbulenzintensität und turbulente kinetische Energie mit und ohne Regen

Die Turbulenzintensität, auch TurbInt I, gibt an, wie groß die Turbulenz einer Strömung in Bezug auf ihren laminaren Anteil ist. Sie berechnet sich über:

$$I(z) = \frac{\sigma_v(z)}{v(z)} \cdot 100 \qquad [\%] \tag{6}$$

mit: $I(z)$: Turbulenzintensität in der Höhe z [%]
$\sigma_v(z)$: Standardabweichung der Windgeschwindigkeit in der Höhe z [m/s]
$v(z)$: Windgeschwindigkeit in der Höhe z [m/s]

Die vollständige turbulente kinetische Energie in Luft TKE$_a$ berechnet sich über:

$$TKE_a = 0,5 \cdot (\sigma_u^2(z) + \sigma_v^2(z) + \sigma_w^2(z))$$

mit: $\sigma_u(z)$: Standardabweichung der horizontalen Strömungsgeschwindigkeit in Windrichtung in der Höhe z [m/s]
$\sigma_v(z)$: Standardabweichung der horizontalen Strömungsgeschwindigkeit quer zur Windrichtung in der Höhe z [m/s]
$\sigma_w(z)$: Standardabweichung der vertikalen Strömungsgeschwindigkeit

In dieser Arbeit wurde nur die u-Komponente der Windgeschwindigkeit betrachtet. Entsprechend wurde $\sigma_v = \sigma_w = 0$ gesetzt. In Folge der fehlenden beiden Strömungskomponenten wurden die berechneten Werte für die Turbulenzintensität und TKE vermutlich unterschätzt. Das Baratron lieferte zu kleine Druckdifferenzen. Die Ursache hierfür konnte im Rahmen dieser Arbeit nicht ermittelt werden. Ein möglicher Grund könnte z.B. Feuchtigkeit in der Druckdose des Baratron sein. Zur Korrektur wurde das Prandtlrohr gegen das Flügelradanemometer kalibriert, mit dessen Hilfe die Referenz - Windgeschwindigkeit gemessen wurde.
Für Untersuchungen in der Luft sind Turbulenzintensität und TKE hilfreiche Größen. Allerdings können die hier gefundenen Ergebnisse nur qualitativ bewertet werden, denn gerätebedingt werden Druckunterschiede im Prandtlrohr geglättet oder verschwinden vollständig. Aus diesem Grund ist das Prandtlrohr zur Messung von kleinskaliger, hochfrequenter Turbulenz nur bedingt geeignet. Abb. 32 und 33 zeigen einen Vergleich der berechneten Turbulenzintensität bzw. der TKE für die Messungen mit und ohne Regen.

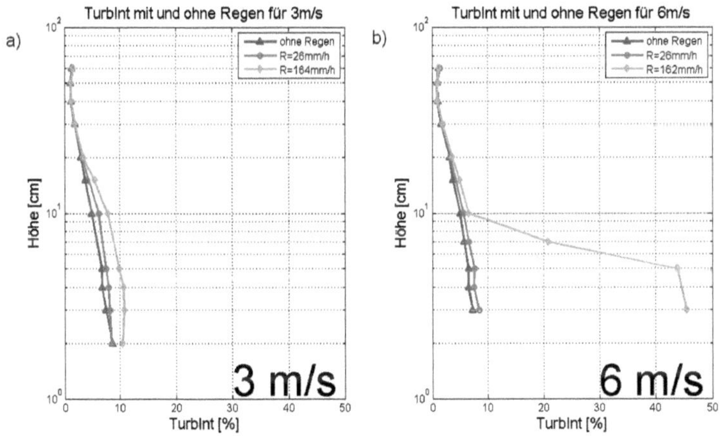

Abbildung 32: Turbulenzintensität mit und ohne Regen bei a) 3 m/s und b) 6 m/s Windgeschwindigkeit.

Für beide Referenzgeschwindigkeiten weisen die Profile der Turbulenzintensität und der TKE einen ähnlichen Verlauf auf. Beide Größen sind sowohl in An- als auch in Abwesenheit von Regen nahe der Wasseroberfläche groß. Je größer der Abstand zur Wasseroberfläche wird, desto geringer werden beide Größen. Grund hierfür ist, dass der Einfluss der rauen Wasseroberfläche mit zunehmenden Abstand zur Wasseroberfläche abnimmt.
In Anwesenheit von Regen sind sowohl Turbulenzintensität als auch TKE größer oder gleich der TurbInt oder TKE im Fall ohne Regen. Grund für die höheren Werte ist größtenteils die erhöhte Rauhigkeit der Wasseroberfläche (s. Abschnitt 3.2.1). Für die hohe Windgeschwindigkeit von 6 m/s und starken Regen ergeben sich für die Turbulenzintensität und die TKE nahe der Wasseroberfläche auffallend große Werte. Da dieses Phänomen mehrfach auftritt, kann ausgeschlossen werden, dass es sich hierbei um Ausreißer handelt. Möglicherweise werden diese Werte kleiner, wenn die

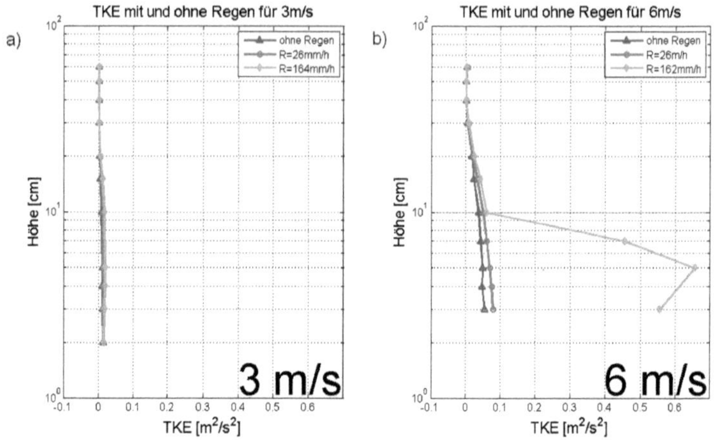

Abbildung 33: TKE mit und ohne Regen bei a) 3 m/s und b) 6 m/s Windgeschwindigkeit

Messzeit verlängert wird. In Vorexperimenten wurde der Einfluss der Messzeit auf die Ergebnisse untersucht, mit dem Ergebnis, dass für die Messungen in der Luft eine Messzeit von 3 min ausreichend ist. Allerdings beschränkten sich diese Untersuchungen lediglich auf die Windgeschwindigkeit.

3.2.4 Zusammenfassung der Ergebnisse der Messungen über der Wasseroberfläche

Auf Grund von Massenerhaltung ist die maximale Windgeschwindigkeit im Wind-Wellen-Kanal ohne Regen ca. 16% höher als die jeweilige Referenz - Windgeschwindigkeit. Außerhalb der Grenzschichten von Wasseroberfläche und Kanaldecke erhöht Regen die Windgeschwindigkeit. Grund hierfür ist eine Kombination aus erhöhter Oberflächenrauhigkeit und Massenerhaltung. Die höhere Oberflächenrauhigkeit sorgt für eine intensivere Grenzschicht an der Wasseroberfläche. Dabei ändert sich die Mächtigkeit dieser Grenzschicht nicht.

Die Schubspannungsgeschwindigkeit nimmt mit zunehmender Regenrate zu, wobei auf Grund der geringen Anzahl an Regenraten nicht zu erkennen ist, welcher funktionale Zusammenhang vorliegt. Bei kleinen Windgeschwindigkeiten dominiert der Regen die Rauhigkeit der Wasseroberfläche. Bei hohen Windgeschwindigkeiten dominiert der Wind die Rauhigkeit der Wasseroberfläche.

Das Windfeld ist nahe der Wasseroberfläche durch große Turbulenz gekennzeichnet. Mit zunehmender Höhe wird das Windfeld laminar. Außerhalb der Grenzschicht erhöht Regen nicht nur die Windgeschwindigkeit, sondern auch die Turbulenzintensität und die TKE. TurbInt und TKE nehmen mit abnehmendem Abstand zur Wasseroberfläche zu. Grund hierfür ist die Zunahme des Einflusses der rauen Wasseroberfläche.

3.3 Messungen unter der Wasseroberfläche

3.3.1 Strömungsprofile mit und ohne Regen

Im Folgenden soll untersucht werden, wie Regen das Strömungsfeld in den oberen Wasserschichten beeinflusst. Abb. 34 - 36 zeigen die Strömungsprofile von u- und w-Komponente für alle Experimente von 0,2 cm Tiefe bis in 15 cm Tiefe. Dabei ist u die horizontale Strömung, positiv in Windrichtung und w die vertikale Strömung, positiv zur Wasseroberfläche (vgl. Abb. 1). Aus Gründen der Übersicht wurde der Nullpunkt der Geschwindigkeit für jedes Profil innerhalb derselben Darstellung horizontal versetzt. Profil und die dazugehörige x-Achse werden über den Farbcode einander zugeordnet.

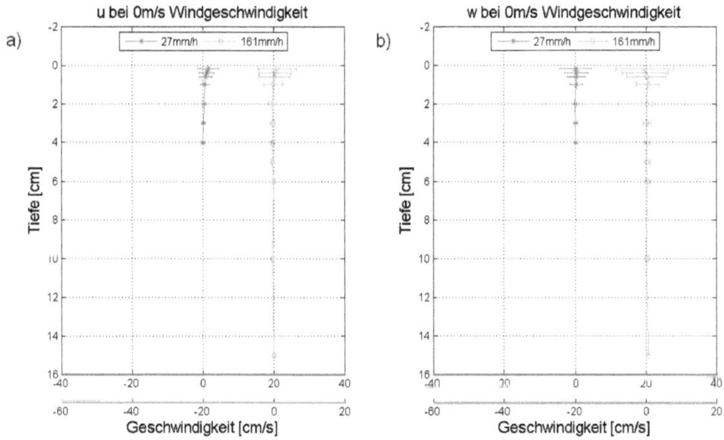

Abbildung 34: Strömungsprofil bei Windstille mit Regen. Die Profile sind um 20 cm/s gegeneinander verschoben. Zum roten Profil (27 mm/h) gehört die rote x-Achse. Zum grünen Profil (161 mm/h) gehört die grüne x-Achse.

Auf Grund eines Prozessorausfalls des LDV ist das Profil für Windstille und 27 mm/h Regenrate unvollständig (s. Abb. 34). Bei Windstille verursachen lediglich die Regentropfen horizontale und vertikale Strömungen an der Oberfläche. Der eingetragene Impuls ist gering, wodurch die beobachteten Geschwindigkeiten von allen Experimenten die kleinsten sind. In vertikaler Richtung sind die negativen Strömungsgeschwindigkeiten mit der Abwärtsbewegung der Tropfen zu erklären. Diese dringen ca. 2 cm in das Wasser ein und verursachen sowohl horizontale als auch vertikale Strömungen, die deutlich über die Eindringtiefe hinaus gehen (Cole, 2007). Zum Strömungsfeld, das ein einzelner Tropfen induziert, sei auf Cole (2007) verwiesen.
Sowohl für 3 m/s als auch für 6 m/s Windgeschwindigkeit beobachten wir die höchsten Strömungsgeschwindigkeiten nahe der Wasseroberfläche. Wie zu erwarten entspricht die Strömungsrichtung der Richtung, in der der Impuls eingetragen wird, d.h. in Windrichtung. In Gegenwart von Regen erhöht sich die Strömungsgeschwindigkeit an der Wasseroberfläche. Grund hierfür ist die Erhöhung der Oberflächendrift in Gegenwart von Regen, die bereits von Braun et al. (2004) beschrieben wurde.

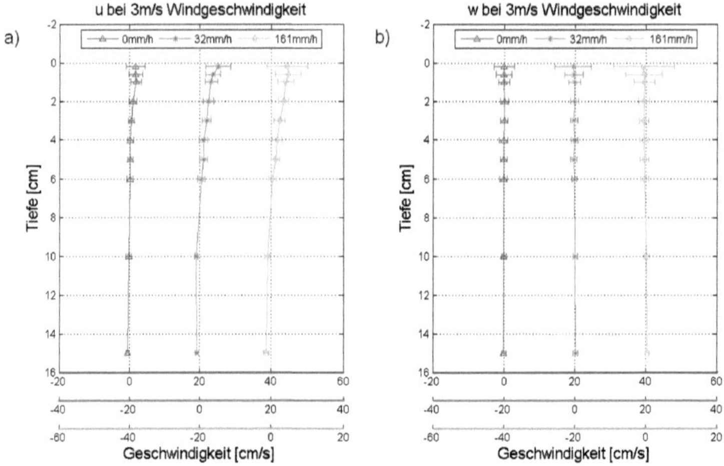

Abbildung 35: Strömungsprofil bei 3 m/s Windgeschwindigkeit mit und ohne Regen. Die Profile sind um 20 cm/s gegeneinander verschoben. Zum blauen Profil (0 mm/h) gehört die blaue x-Achse. Zum roten Profil (32 mm/h) gehört die rote x-Achse. Zum grünen Profil (161 mm/h) gehört die grüne x-Achse.

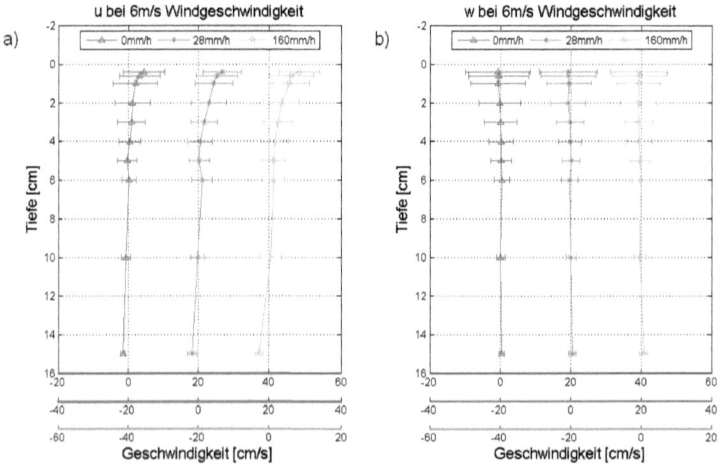

Abbildung 36: Strömungsprofil bei 6 m/s Windgeschwindigkeit mit und ohne Regen. Die Profile sind um 20 cm/s gegeneinander verschoben. Zum blauen Profil (0 mm/h) gehört die blaue x-Achse. Zum roten Profil (28 mm/h) gehört die rote x-Achse. Zum grünen Profil (160 mm/h) gehört die grüne x-Achse.

Mit zunehmender Tiefe nimmt die Strömungsgeschwindigkeit nahezu logarithmisch ab. Grund hierfür ist, dass weder Regen noch Wind noch beide zusammen genügend Energie in das Strömungsfeld einbringen können, um auch die unteren Wasserschichten wesentlich zu beschleunigen. Durch Scherungsverluste wird der Betrag der eingetragenen Energie mit der Tiefe geringer, was eine Abnahme der Strömungsgeschwindigkeit bedeutet und das in Abb. 36a dargestellte Verhalten des Profils für 6 m/s Windgeschwindigkeit erklärt.
Eine weitere bedeutsame Größe ist die Standardabweichung. Über diese können neben der Turbulenz auch Aussagen über die Orbitalbewegung der Wasserpartikel getroffen werden. Positive und negative Standardabweichungen in der u-Komponente repräsentieren die Vor- und Zurückbewegung der Partikel. In der w-Komponente wird analog die Auf- und Abbewegung durch die Standardabweichung dargestellt. Sämtliche Profile weisen für beide Komponenten an der Oberfläche die größten Standardabweichungen auf, die mit zunehmender Tiefe abnehmen. D.h. dass der Radius der kreisförmigen Orbitalbahnen mit zunehmender Tiefe kleiner wird. Falls die Standardabweichung nur von der Orbitalbewegung abhinge, dann müsste dies auch in den Geschwindigkeitsspektren zu sehen sein. Während diese im Rahmen dieser Arbeit nicht berechnet werden konnten, hat Braun (2002) die Geschwindigkeitsspektren berechnet. Darin ist zu erkennen, dass die dominante Frequenz des Geschwindigkeitsspektrums der Frequenz der jeweiligen dominanten Welle entspricht. Damit ist verifiziert, dass die Standardabweichung größtenteils die Orbitalbewegung beschreibt. Die Standardabweichungen sind stets deutlich größer als die mittlere Strömungsgeschwindigkeit in der jeweiligen Tiefe. Im Hinblick auf die Orbitalbewegung ist dies logisch, da die horizontale und vertikale Auslenkung der Partikel deutlich schneller abläuft als das Wasser im Mittel strömt.
In sämtlichen Experimenten, die in Gegenwart von Wind durchgeführt wurden, beobachten wir in ungefähr 10 cm Tiefe eine Strömung, die der Windrichtung entgegen gesetzt ist. Dies ist der sogenannte Rückstrom, welcher kein Phänomen ist, das in der Natur auftritt, sondern ein Artefakt des Kanals ist. Auch Prenzel (2010) bestimmt eine Tiefe von ca. 10 cm für den Rückstrom. Aus der Tatsache, dass die Beträge der u-Komponente größer sind als die der w-Komponente lässt sich auf eine Translation in schließen, die der kreisförmigen Orbitalbewegung überlagert ist. Dadurch wird an der Oberfläche Wasser vom Kanalanfang (am Windeintritt) zum Kanalende transportiert. Nach den Gesetzen der Massenerhaltung muss das am Kanalanfang entstehende Massendefizit bzw. der am Kanalende entstehende Massenüberschuss durch eine Strömung vom Kanalende zum Kanalanfang kompensiert werden. Dies ist der Rückstrom.

3.3.2 Schubspannungsgeschwindigkeit im Wasser

Wie in der Luft, so kann auch im Wasser aus den Strömungsprofilen die Schubspannungsgeschwindigkeit berechnet werden. Wie von Large et al. (1994) gezeigt wurde, können für die Bestimmung der Schubspannungsgeschwindigkeit $u_{*,w}$ im Wasser sowohl die gleiche Strategie als auch die gleichen Formeln angewendet werden wie für die Bestimmung der Schubspannungsgeschwindigkeit in Luft (s. Abschnitt 3.2.2). Da die Strömungsgeschwindigkeit mit der Tiefe abnimmt, muss in der Gl. 5 ein Minuszeichen ergänzt werden. Auf Grund des Rückstromes wurden lediglich die ersten sieben (von 10) Tiefen in die lineare Regression einbezogen. Abb. 37 zeigt dies exemplarisch für 6 m/s Windgeschwindigkeit und ohne Regen.

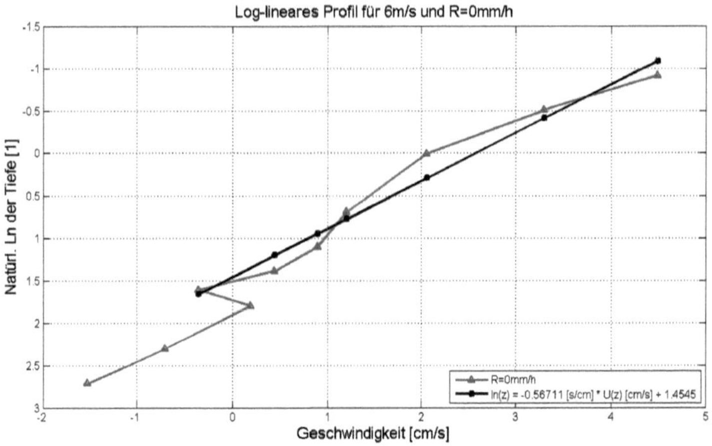

Abbildung 37: Strömungsprofil bei 6 m/s Windgeschwindigkeit und ohne Regen mit linearer Regression.

Die Berechnung der Rauhigkeitslänge z_0 erfolgt ebenfalls analog zur Bestimmung dieser Größe in Luft (Large et al., 1994). Tab. 4 fasst die Ergebnisse für alle Experimente zusammen.

Tabelle 4: Schubspannungsgeschwindigkeiten im Wasser für alle Experimente. b ist der y-Achsen-Abschnitt

Wind	Regen	m [s/cm]	b [1]	$u_{*,w}$ [cm/s]	z_0 [cm]
3 m/s	0 mm/h	1,41	1,87	0,28	6,51
	32 mm/h	0,77	2,44	0,51	11,58
	161 mm/h	0,73	2,65	0,54	14,14
6 m/s	0 mm/h	0,57	1,45	0,71	4,28
	28 mm/h	0,39	1,69	1,02	5,44
	160 mm/h	0,36	1,98	1,12	7,24

Abb. 38 zeigt den graphischen Zusammenhang zwischen der Schubspannungsgeschwindigkeit und der Regenrate. Für beide Windgeschwindigkeiten steigt die Schubspannungsgeschwindigkeit mit der Regenrate. Welcher funktionale Zusammenhang vorliegt, ist auf Grund der geringen Anzahl an Regenraten nicht erkennbar. Hierzu sind weitere Experimente nötig. Die Schubspannungsgeschwindigkeit der Luft ist im Mittel ca. 36 mal größer als die des Wassers. Grund hierfür ist die deutlich geringere Dichte der Luft.

Da z_0 die Tiefe angibt, in der die Strömungsgeschwindigkeit in Windrichtung auf 0 cm/s abgefallen ist, gibt z_0 die Tiefe an, in der sich der Rückstrom befindet. Die Werte für z_0 aus Tab. 4 stimmen mit wenigen Ausnahmen gut mit den Tiefen des Rückstromes überein, die aus den Strömungsprofilen ersichtlich sind (Abb. 34 - 36).

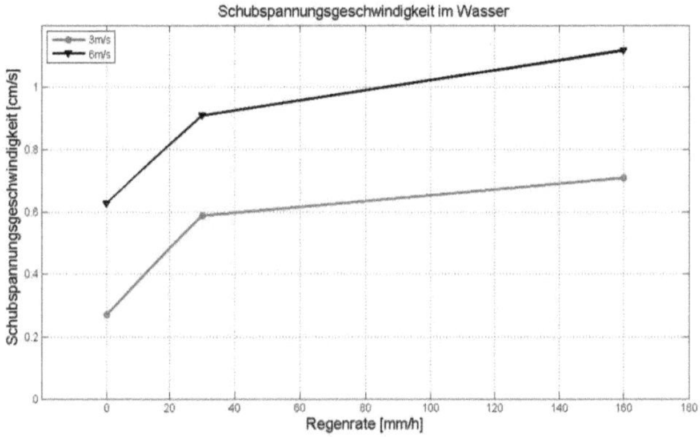

Abbildung 38: Schubspannungsgeschwindigkeiten im Wasser für alle Experimente.

3.3.3 Turbulente kinetische Energie mit und ohne Regen

Wie in der Luft, so kann auch für die Strömung im Wasser die TKE berechnet werden. Die Formel hierzu lautet analog zur Formel für Luft:

$$TKE_w = 0,5 \cdot (\sigma_u^2(z) + \sigma_w^2(z))$$

mit: TKE_w: normierte turbulente kinetische Energie im Wasser $[m^2/s^2]$
$\sigma_u(z)$: Standardabweichung der horizontalen Strömungsgeschwindigkeit in der Tiefe z [m/s]
$\sigma_w(z)$: Standardabweichung der vertikalen Strömungsgeschwindigkeit in der Tiefe z [m/s]

Zur vollständigen Bestimmung der TKE sind alle drei Geschwindigkeitskomponenten einer Strömung nötig. Da die Messungen nur für u und w durchgeführt wurden, sind die berechneten Werte vermutlich zu klein. Für Messungen mit Wind verringert sich dieser Fehler, da die Hauptströmungsrichtung in y-Richtung verläuft. Die fehlende v-Komponente, die quer zur Windrichtung verläuft, hat dann weniger Einfluss.
Abb. 39 - 41 zeigen die TKE für alle Experimente. Wie aus der Einheit zu entnehmen ist, handelt es sich um eine mittlere TKE pro Einheitsmasse. Für alle Messungen ist die TKE in den oberen 2 cm Tiefe am größten. Grund hierfür ist, dass Wind und Regen in diesen Schichten die meiste Energie eintragen können. Wie in Abschnitt 3.3.1 besprochen, wird die eingetragene Energie mit zunehmender Tiefe dissipiert, was der Grund dafür ist, dass die TKE (außer für 6 m/s Windgeschwindigkeit) schnell auf 0 m^2/s^2 abfällt und diesen Wert beibehält (vgl. Abb. 39 und 40).
Wie die Strömungsgeschwindigkeit (s. Abschnitt 3.3.1), so ist auch die TKE in Anwesenheit von Wind und Regen größer als wenn Wind oder Regen allein Impuls in das Wasser eintragen. Außer der Oberflächendrift erhöht Regen also auch die turbulente kinetische Energie. Dies gilt aber nur für Windstille und die kleine Windgeschwindigkeit von 3 m/s.

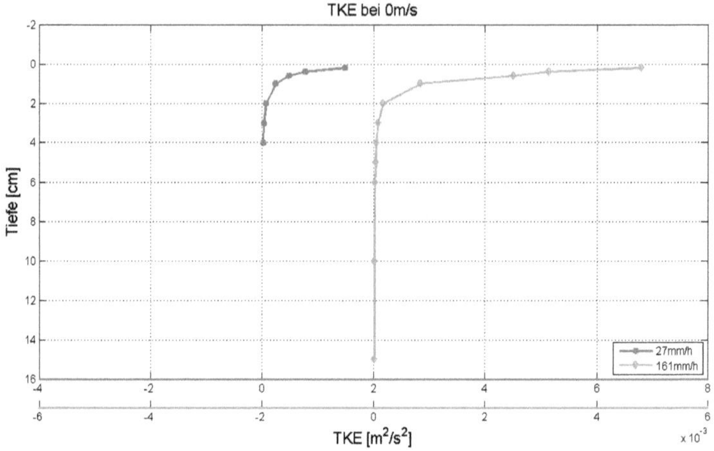

Abbildung 39: TKE bei Windstille mit Regen. Die Profile sind um $2 \cdot 10^{-3}$ m^2/s^2 gegeneinander verschoben. Zum roten Profil (27 mm/h) gehört die rote x-Achse. Zum grünen Profil (161 mm/h) gehört die grüne x-Achse. Auf den x-Achsen ist die mittlere TKE pro Einheitsmasse dargestellt.

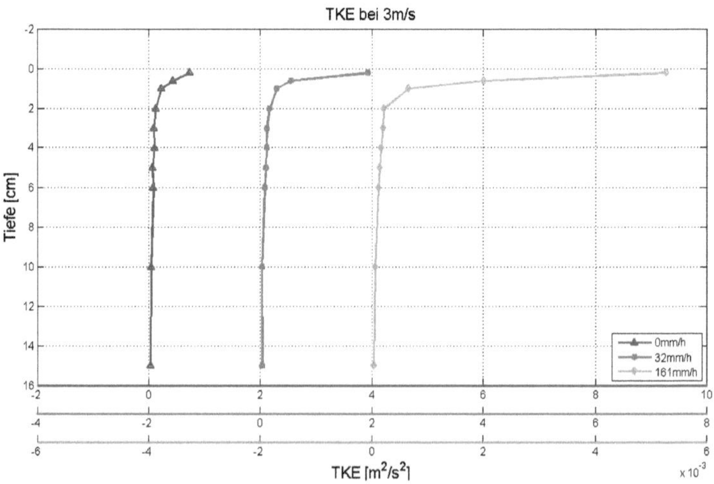

Abbildung 40: TKE bei 3 m/s Windgeschwindigkeit mit und ohne Regen. Die Profile sind um $2 \cdot 10^{-3}$ m^2/s^2 gegeneinander verschoben. Zum blauen Profil (0 mm/h) gehört die blaue x-Achse. Zum roten Profil (32 mm/h) gehört die rote x-Achse. Zum grünen Profil (161 mm/h) gehört die grüne x-Achse. Auf den x-Achsen ist die mittlere TKE pro Einheitsmasse dargestellt.

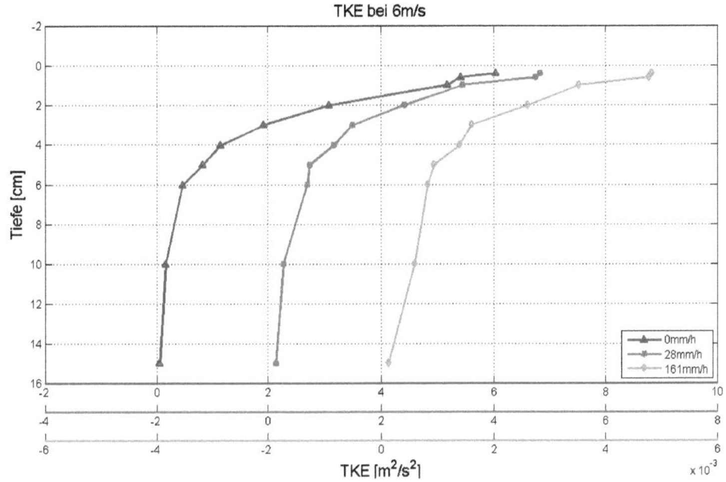

Abbildung 41: TKE bei 6 m/s Windgeschwindigkeit mit und ohne Regen. Die Profile sind um $2 \cdot 10^{-3}$ m^2/s^2 gegeneinander verschoben. Zum blauen Profil (0 mm/h) gehört die blaue x-Achse. Zum roten Profil (28 mm/h) gehört die rote x-Achse. Zum grünen Profil (161 mm/h) gehört die grüne x-Achse. Auf den x-Achsen ist die mittlere TKE pro Einheitsmasse dargestellt.

Für die hohe Windgeschwindigkeit von 6 m/s ist die TKE für den Fall ohne Regen am größten (s. Abb. 41). Außerdem ist die TKE bei 6 m/s Windgeschwindigkeit für beide Regenraten nahezu identisch (s. Abb. 41). Beides zeigt, dass für kleine Windgeschwindigkeiten der Regen das Strömungsfeld dominiert, während der Wind kaum Einfluss hat. Für hohe Windgeschwindigkeiten ist dies umgekehrt: der Wind dominiert das Strömungsfeld und ein Einfluss durch Regen ist zwar noch erkennbar, aber gering.
Einzig für die hohe Windgeschwindigkeit von 6 m/s ist die TKE noch in einer relativ großen Tiefe von ca. 10 cm größer Null (s. Abb. 41). Grund hierfür ist, dass eine höhere Windgeschwindigkeit mit einem höheren Energieeintrag in das Wasser einher geht, der entsprechend auch in tiefere Schichten weitergegeben werden kann.
Auch die Profile der TKE können durch lineare Regressionen angenähert werden. Die Vorgehensweise ist dieselbe wie für die Strömungsprofile (s. Abschnitt 3.3.2). Abb. 42 zeigt einen exemplarischen Fit für 6 m/s Windgeschwindigkeit und ohne Regen. Mit Ausnahme der letzten drei Tiefen weist die TKE im Wasser einen logarithmischen Verlauf auf. Unterhalb von 6 cm Tiefe ändert sich das Verhalten und geht in einen nahezu linearen Verlauf über. Ob dies auch in größeren Tiefen der Fall ist, konnte im Rahmen dieser Arbeit nicht untersucht werden. Insbesondere im Hinblick auf den Rückstrom und dessen Strömungsfeld ist der weitere Verlauf der TKE ein mögliches Thema für spätere Untersuchungen.
Anders als in der Luft macht es im Wasser keinen Sinn, die Turbulenzintensität anzugeben. Die Angabe dieser Größe ist nur sinnvoll, wenn es sich um eine starke Strömung mit einer eindeutigen Richtung handelt, der eine Turbulenz überlagert ist. Während diese Bedingung für Luft erfüllt ist, herrschen im Wasser deutlich andere

Bedingungen. Zum Einen sind die Strömungsgeschwindigkeiten deutlich kleiner als in der Luft und zum Anderen liegt ein anderes Strömungsfeld vor. Anstelle einer richtungstreuen Strömung sind die oberen Wasserschichten durch die Orbitalbewegung gekennzeichnet. In Folge des permanenten Richtungswechsels der Strömung ergeben sich für die Turbulenzintensität im Wasser unnatürlich hohe Werte.

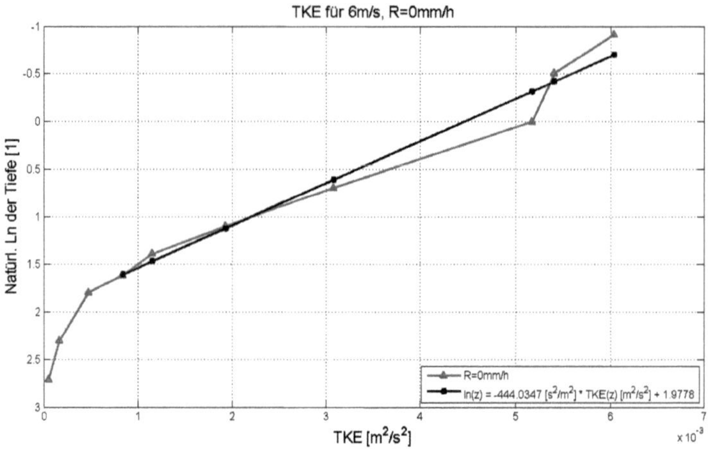

Abbildung 42: TKE für 6 m/s Windgeschwindigkeit und ohne Regen, mit linearem Fit.

3.3.4 Zusammenfassung der Ergebnisse der Messungen unter der Wasseroberfläche

An der Wasseroberfläche erhöht Regen die Oberflächendrift, die sich in einer erhöhten Strömungsgeschwindigkeit zeigt. Die Strömungsgeschwindigkeit nimmt mit der Tiefe logarithmisch ab. Die oberen Wasserschichten sind durch die Orbitalbewegung charakterisiert. Die Wasserpartikel bewegen sich auf kreisförmigen Orbitalbahnen, deren Radius mit der Tiefe abnimmt. Dieser Orbitalbewegung ist eine Translation in Windrichtung überlagert. Im Wind-Wellen-Kanal gibt es einen künstlichen Rückstrom, welcher Folge der Massenerhaltung ist. Die Tiefe des Rückstromes wurde sowohl in den Strömungsprofilen erfasst als auch theoretisch über die Rauhigkeitslänge bestimmt. Die Werte beider Methoden stimmen weitestgehend überein. Die Schubspannungsgeschwindigkeit nimmt mit steigender Windgeschwindigkeit und Regenrate zu.

Regen erhöht die turbulente kinetische Energie in den oberen Wasserschichten. Diese ist in den oberen 2 cm am größten und nimmt mit der Tiefe logarithmisch ab. Bei Windstille sowie kleinen Windgeschwindigkeit dominiert der Regen das Strömungsfeld. Bei hohen Windgeschwindigkeiten dominiert der Wind das Strömungsfeld. Die Tiefe, in der turbulente kinetische Energie nachweisbar ist, hängt von der Windgeschwindigkeit ab.

4 Diskussion

4.1 Einfluss des Regens an der Wasseroberfläche

Regen erhöht die Rauhigkeit der Wasseroberfläche durch die Bildung von Stempeln, Kratern und Kronen. Dadurch kann der Wind besser an die Wasseroberfläche angreifen, wodurch sich die Oberflächendrift erhöht (Braun et al., 2004). Dies geht einher mit der Erhöhung der Strömungsgeschwindigkeit an der Oberfläche (s. Abb. 34 - 36). Die erhöhte Oberflächendrift führt zu einer größeren Schubspannungsgeschwindigkeit (s. Abb. 31). Des Weiteren hat eine erhöhte Oberflächendrift die Dämpfung der maximalen Wellenamplitude zur Folge, die Oberflächenwellen erreichen können bevor sie brechen (Braun, 2002). Durch das resultierende kleinskalige Wellenbrechen wird der Energietransfer von kurzen auf lange Wellen verringert (Braun, 2002). So scheint Regen schon an der Wasseroberfläche einen ersten dämpfenden Effekt zu haben. Die Verifizierung dieser Vermutung ist schwierig, da es bisher keine adäquate Vorgehensweise zur Bestimmung der benötigten Driftgeschwindigkeit der Oberfläche gibt (Braun, 2002).
Bei ihren Untersuchungen zum Einfluss von Regen auf die Oberflächendrift fanden Braun et al. (2004) heraus, dass Regen die Oberflächendrift durch einen direkten und einen indirekten Prozess erhöht. Die direkte Beschleunigung der Wasseroberfläche erfolgt durch Impulsübertragung beim Aufprall der Tropfen. Der indirekte Effekt ist die Beschleunigung der Oberfläche durch den Wind. Dieser kann auf Grund der höheren Oberflächenrauhigkeit besser an die Wasseroberfläche angreifen. In dieser Arbeit werden beide Effekte bestätigt. Der direkte Effekt zeigt sich in der oberflächennahen Strömungsgeschwindigkeit, die in Anwesenheit von Regen höher ist als ohne Regen (s. Abb. 34 - 36). Der indirekte Effekt wird durch die Erhöhung der Schubspannungsgeschwindigkeit bestätigt (s. Abb. 31).
Auf Grund der deutlich geringeren Dichte von Luft ist die Schubspannungsgeschwindigkeit der Luft ca. 36 mal größer als die des Wassers. Prenzel (2010) berechnet einen Faktor von 50, welcher in der gleichen Größenordnung liegt. Ein Grund für die Diskrepanz ist, dass Prenzel (2010) u.a. eine Windgeschwindigkeit von 4 m/s realisiert hat, anstelle der hier verwendeten 3 m/s. Ein weiterer Grund können verschiedene Messbereiche sein, über die die lineare Regression gelegt wurde. Für Windgeschwindigkeiten zwischen 2 m/s und 12 m/s beobachtet Prenzel (2010) einen Anstieg der Schubspannungsgeschwindigkeit mit steigender Windgeschwindigkeit, wie er sich auch in dieser Arbeit angedeutet hat. Prenzel (2010) hat keine Messungen mit Regen durchgeführt, sodass der Zusammenhang zwischen Schubspannungsgeschwindigkeit und Regenrate unklar bleibt.
Wie oben dargestellt, hat Regen bereits an der Wasseroberfläche einen ersten dämpfenden Effekt auf das Wellenfeld. Zu einem zweiten dämpfenden Effekt kommt es dicht unter der Wasseroberfläche. Diesem Effekt liegt oberflächennahe Turbulenz zu Grunde. Nach den Erkenntnissen von Braun et al. (2002) erhöhen Regentropfen, die auf eine Wasseroberfläche aufprallen, die turbulente Viskosität in den oberen Wasserschichten, indem sie die Turbulenz in diesen Schichten erhöhen. Dadurch kommt es zur Dämpfung der Amplitude kleiner Gravitations- und Kapillarwellen. Braun et al. (2002) haben am gleichen Wind-Wellen-Kanal Experimente durchgeführt, die den hier beschriebenen Experimenten ähnlich sind. Dazu realisierten sie Windgeschwindigkeiten zwischen 0 m/s und 12 m/s und Regenraten zwischen 0 mm/h und 300 mm/h, darunter auch 160 mm/h. Da der Schwerpunkt ihrer Arbeit auf Untersuchungen mit einem Mikrowellen - Scatterometer lag, führen Braun et al. (2002)

den Nachweis von oberflächennaher Turbulenz in Anwesenheit von Regen nicht an. Dieser wird in der vorliegenden Arbeit durch die Untersuchungen der turbulenten kinetischen Energie erbracht. Da Regen die TKE bei kleinen Windgeschwindigkeiten erhöht (s. Abb. 40), kann die Erklärung von Braun et al. (2002) für die Wellendämpfung verifiziert werden.
Auch Braun (1998) hat am gleichen Wind-Wellen-Kanal Untersuchungen zum Einfluss von Regen auf die Wasseroberfläche durchgeführt. Ihre Untersuchungen beinhalteten u.a. die Wellenamplitude bei 4 m/s Windgeschwindigkeit und 160 mm/h Regenrate, also nahezu gleiche Bedingungen wie sie in der vorliegenden Arbeit realisiert wurden. Durch Berechnung des Dämpfungskoeffizienten kommt Braun (1998) zu dem Ergebnis, dass Wellen mit einer Frequenz von unter 5 Hz in Anwesenheit von Regen gedämpft werden. Oberhalb von 5 Hz kommt es zur Bildung von Wellen. Wir sprechen also von *frequenzabhängigen Regeneffekten.* Bei den hier realisierten 3 m/s Windgeschwindigkeit zeigt sich auf der dominanten Frequenz zwar eine Abnahme der Leistungsdichte (Abb. 17), die mittlere Wellenamplitude aber steigt mit der Regenrate (s. Abb. 15). Die Amplitudenzunahme bei hohen Regenraten kann damit zusammenhängen, dass bei einer geringen Windgeschwindigkeit von 3 m/s kaum Wellen generiert werden, die gedämpft werden könnten. Bei 4 m/s Windgeschwindigkeit ist das Wellenfeld deutlicher ausgeprägt, sodass es zur Wellendämpfung kommen kann. Bei 6 m/s Windgeschwindigkeit zeigt sich eine Wellendämpfung in der mittleren Amplitude (s. Abb. 15). Im Spektrum ist dies nicht eindeutig zu erkennen, was aber an der halblogarithmischen Darstellung liegen kann. Somit ist der Einfluss von Regen auf das Wellenfeld auch noch bei 6 m/s Windgeschwindigkeit erkennbar.
In dem Wellenhöhenspektrum für Windstille (Abb. 16) treten bei 164 mm/h Regenrate in regelmäßigen Abständen Maxima auf, die von der Tropfrate und deren höheren Harmonischen verursacht werden. Dieses Phänomen beobachtet Braun (1998) ebenfalls. Sie hat außerdem auch Regenraten von 210 mm/h und 300 mm/h realisiert. Auch dort treten die Maxima auf, allerdings verschieben sie sich mit steigender Regenrate zu höheren Frequenzen, da eine höhere Regenrate mit einer höheren Tropfrate einher geht (Braun, 1998). Für kleine Regenraten tritt dieses Phänomen nicht auf (s. Abb. 16). Ein möglicher Grund ist, dass kleine Regenraten auf Grund des Setups Schwankungen unterliegen und sich während einer Messung etwas ändern. Dadurch ergibt sich keine eindeutige Anregungsfrequenz. Grund für die instabilen kleinen Regenraten ist ein niedriger Wasserpegel, der im Regenturm eingestellt sein muss. Mit der vorhandenen Konstruktion ist es schwierig, den Pegel konstant zu halten. Hinzu kommt, dass die kleine Regenrate bereits auf kleine Änderungen im Pegel reagiert. Bei einer mittleren Regenrate von 29 mm/h $\pm$ 3 mm/h (wie es hier der Fall war) ergibt sich ein Fehler von ca. 10,3%. Für große Regenraten stellt dies ein geringes Problem dar. Bei einer mittleren Regenrate von 162 mm/h $\pm$ 2 mm/h liegt der Fehler bei ca. 1,2%. Grund hierfür ist, dass für große Regenraten ein hoher Pegel erforderlich ist. Bei hohen Pegeln wirken sich kleine Schwankungen kaum auf die Regenrate aus. In Anwesenheit von Wind gibt es keine Maxima, die auf die Tropfrate zurückzuführen sind. Grund hierfür ist, dass der Wind die rhythmische Anregung der Ringwellen überdeckt.
Regen bewirkt nicht nur eine Dämpfung der Wellenamplitude. Er erhöht auch die Energie von Wellen, die mit Frequenzen angeregt werden, die über der Frequenz der dominanten Welle liegen (s. Abb. 17 und 18). Dieses Phänomen tritt bei Braun (1998) ebenfalls auf. Auch sie stellt fest, dass die Regenrate nur wenig Einfluss auf die Menge an eingetragener Energie hat. Auf der Frequenz der dominanten Welle nimmt der Einfluss des Regens auf das Wellenfeld mit zunehmender Windgeschwindigkeit

ab. Grund hierfür ist, dass der Anteil an erzeugten Ringwellen für eine Regenrate relativ konstant ist, wohingegen der Anteil an erzeugten Windwellen mit zunehmender Windgeschwindigkeit zunimmt (Braun, 1998).
Außer der Amplitude beeinflusst Regen auch die Neigung von Oberflächenwellen. In den Wellenneigungsspektren ist eine Abflachung der Wellen in Anwesenheit von Regen zu erkennen, wie sie auch bei Braun (1998) auftritt. Allerdings ermittelt sie bei Windstille und 160 mm/h Regenrate für die dominante Welle eine Frequenz von ca. 6 Hz - 8 Hz, während in dieser Arbeit eine Frequenz von 6 Hz - 10 Hz bestimmt wird. Eine Differenz von 4 mm/h in der Regenrate kann vermutlich keinen Unterschied von 2 Hz ausmachen, sodass die Ergebnisse letztlich gut übereinstimmen. Das gilt auch für die erhöhte Leistungsdichte in Anwesenheit von Regen (Abb. 22 - 27) auf allen Frequenzen außer der dominanten Frequenz. Wie schon in den Wellenhöhenspektren, zeigt sich also auch in der Wellenneigung der höhere Energieeintrag in das Wasser, wenn es regnet. Anders als bei Braun (1998) weist das Neigungsspektrum für Windstille und 164 mm/h (Abb. 23) kein Maximum bei 4 Hz, also der Tropfrate, auf. Dieses Phänomen zeigt sich in dieser Arbeit lediglich in dem entsprechenden Wellenhöhenspektrum (Abb. 16), wie auch bei Braun (1998). Der genaue Grund für das Fehlen des Maximums im Wellenneigungsspektrum ist unbekannt.

4.2 Einfluss des Regens über der Wasseroberfläche

Durch Intensivierung der Grenzschicht an der Wasseroberfläche ist die Windgeschwindigkeit im Regenfall höher als im Fall ohne Regen. Dabei ändert sich weder die Mächtigkeit der Grenzschicht an der Wasseroberfläche noch die Mächtigkeit Grenzschicht an der Kanaldecke. Die Grenzschicht an der Wasseroberfläche erstreckt sich von der Wasseroberfläche bis in ca. 40 cm Höhe. Die Grenzschicht der Kanaldecke reicht von der Kanaldecke bis in ca. 50 cm Höhe herab (s. Abb. 28). Somit verbleibt eine Schicht von ca. 10 cm, in der die Luft strömt, ohne dem Einfluss von Wasseroberfläche oder Kanaldecke zu unterliegen. In dieser dünnen Schicht findet der Luftmassenausgleich statt, was der Grund ist, weshalb die Luft in dieser dünnen Schicht am schnellsten strömt.

4.3 Einfluss des Regens unter der Wasseroberfläche

Die in dieser Arbeit gefundenen Werte für die TKE stehen im Kontrast zu denen, die Braun (2002) berechnet hat. In ihrer Arbeit hat Braun (2002) die TKE in Tiefen zwischen 2,6 cm und 7 cm berechnet. Es wehte kein Wind und die Regenrate betrug 40 mm/h. Unter diesen Bedingungen berechnet Braun (2002) in 2,6 cm Tiefe eine TKE von ca. $10\cdot 10^{-6}$ m^2/s^2. In dieser Arbeit wird bei Windstille, einer Regenrate von 27 mm/h und in 3 cm Tiefe ein Wert von $0{,}3\cdot 10^{-6}$ m^2/s^2 ermittelt (s. Abb. 39), was etwa eine Größenordnung kleiner ist als der Wert von Braun (2002). Möglicherweise erlauben die Regenraten nur bedingt einen Vergleich, dennoch wird eine Angleichung der Regenraten die TKE nicht um eine ganze Größenordnung ändern. Ein möglicher Grund für die unterschiedlichen Werte ist, dass Braun (2002) alle drei Strömungskomponenten berücksichtigt hat, während hier lediglich u- und w-Komponente betrachtet wurden, wodurch die Werte für die TKE unterschätzt werden. Ein weiterer Grund für die Diskrepanz ist sicherlich, dass Braun (2002) die Strömungsgeschwindigkeit mit einem Acoustic Doppler Velocimeter (ADV) gemessen hat. Da dieses Messgerät in die Strömung gesetzt wird, verändert es das Strömungsfeld und sorgt möglicherweise für große Turbulenz in der Strömung. Über den von Braun (2002) festgelegten Messbereich nimmt die TKE logarithmisch ab, was mit dem hier gefundenen Verhalten der TKE übereinstimmt. Allerdings konvergieren die Werte von Braun (2002) nicht gegen 0, wie in dieser Arbeit, sondern gegen $3 \cdot 10^{-6}$ m^2/s^2. Dazu ist anzumerken, dass die hier verwendeten Werte wegen des Prozessorausfalls nur bis in 4 cm Tiefe reichen. Dort beträgt die TKE etwa 0 m^2/s^2 (s. Abb. 39).

Dass das ADV das Strömungsfeld stark verändert, ist auch in der Arbeit von Müller et al. (2011) zu sehen. Darin wurde die Strömungsgeschwindigkeit in Tiefen zwischen 1,5 cm und 24,5 cm bei Windgeschwindigkeiten von 3,8 m/s und 6,5 m/s, ohne Regen gemessen. Anders als in dieser Arbeit beobachten Müller et al. (2011) bei keiner der Windgeschwindigkeiten und in keiner Tiefe einen Rückstrom im Kanal. Dieser befindet sich aber unterhalb von ca. 10 cm Tiefe (s. Abb. 35a und 36a). In einer relativ großen Tiefe von fast 25 cm sollte der Rückstrom auf jeden Fall zu finden sein, zumal seine Geschwindigkeit mit der Tiefe zuzunehmen scheint, wie die Abb. 35a und 36a vermuten lassen. Zumindest bis in 15 cm Tiefe nimmt die Geschwindigkeit des Rückstroms zu. Mit Hinblick auf den Kanalboden, an dem die Haftbedingung $u \equiv 0$ gilt, sollte die Geschwindigkeit des Rückstromes ab einer bestimmten Tiefe wieder abnehmen. Somit erwarten wir für den Rückstrom ein parabolisches Strömungsprofil.

Prenzel (2010) hat Vergleichsmessungen zwischen ADV und LDV durchgeführt. Bei Messungen mit dem ADV, 6 m/s Windgeschwindigkeit und 15,5 m Windwirklänge (Fetch) beobachtet Prenzel (2010) den Rückstrom nicht, wie auch Müller et al. (2011) nicht. Außerdem liefert das ADV bei Prenzel (2010) stets größere Geschwindigkeiten als das LDV. Grund hierfür ist, dass das Wasser aus Gründen der Massenerhaltung schneller um das ADV und dessen Traversiervorrichtung strömen muss (Prenzel, 2010).

Außerdem hat Prenzel (2010) u.a. das Strömungsprofil für unterschiedliche Windwirklängen und Windgeschwindigkeiten untersucht. Bei einem Fetch von 15,5 m und 4 m/s Windgeschwindigkeit nimmt die Strömungsgeschwindigkeit des Rückstromes logarithmisch mit der Tiefe ab. Für 6 m/s Windgeschwindigkeit steigt die Strömungsgeschwindigkeit mit der Tiefe, wie es sich auch in dieser Arbeit beobachtet wurde. Da auch Prenzel (2010) die Strömungsgeschwindigkeit lediglich bis in 13 cm Tiefe gemessen hat, bleibt die Theorie des parabolischen Strömungsprofiles unbestätigt. In der Arbeit von Braun (2002) finden sich keine Profile der Strömungsgeschwindigkeit, da der Fokus auf Turbulenz und Orbitalbewegung liegt.

Auf ihrem Weg von der LDV-Sonde zum Messvolumen und zurück zum Photomultiplier legen die Laserstrahlen ca. 1 m Wegstrecke im Wasser zurück. Die damit einher gehende Absorption kann über

$$I = I_0 \cdot e^{-kx}$$

berechnet werden. Dabei ist I die Lichtintensität nach Absorption, I_0 die Anfangsintensität, k ein wellenlängenabhängiger Koeffizient und x die im Wasser zurückgelegte Strecke. Für eine Wellenlänge von 660 nm ist $k_{660} = 0,32$, für eine Wellenlänge von 785 nm ist $k_{785} = 2,4$. Bei Ankunft des sichtbaren Laserlichtes beträgt die Lichtintensität noch ca. 72% der Anfangsintensität. Die Intensität des IR-Lasers ist auf 9% abgefallen. Für die hier durchgeführten Experimente ist dies aber nur begrenzt von Bedeutung. Da lediglich vertikale Profile aufgenommen wurden, hat sich die Lichtintensität nicht geändert. Zwar hängt die Datenrate u.a. von der Lichtintensität ab, doch war diese stets ausreichend hoch, um vertrauenswürdige Messwerte zu erhalten.

Eine Verbesserung für zukünftige Arbeiten ist dennoch der Einsatz eines blauen oder grünen Lasers. Das Licht dieser Laser wird auf Grund der kleineren Wellenlängen weniger stark absorbiert, wodurch eine höhere Datenrate erzielt wird.
Durch diese Arbeit wurde gezeigt, dass ein Einfluss von Regen sowohl auf das Windfeld als auch auf das Wellen- und Strömungsfeld vorhanden ist. Dieser Einfluss lässt sich in einem Wind-Wellen-Kanal gut untersuchen, da unterschiedliche Bedingungen realisiert werden können. Auf Grund der Vielzahl an Parametern, die geändert werden können, sind weitere Arbeiten nötig, um den Einfluss von Regen auf, über und unter der Wasseroberfläche besser verstehen zu können. Ergänzend zu dieser Arbeit sollten die hier berechneten Größen unter dem Einfluss weiterer Regenraten untersucht werden. Eine andere Möglichkeit ist die Untersuchung des Einflusses von gekühltem Regenwasser auf das Strömungsfeld.

5 Zusammenfassung

Am Wind-Wellen-Kanal der Universität Hamburg wurden Experimente zur Untersuchung des Einflusses von Regen auf das Wind-, Wellen- und Strömungsfeld durchgeführt. Dazu wurden zwei Referenz - Windgeschwindigkeiten von 3 m/s und 6 m/s sowie zwei Regenraten von 28 mm/h und 161 mm/h realisiert. Durch den erstmaligen Einsatz von elektronischen Durchflussmessern, mit deren Hilfe Zu- und Abfluss in und aus einem Regenturm gemessen wurden, war eine relativ präzise Bestimmung der Regenrate möglich. Mit Hilfe eines Prandtlrohres wurde die Windgeschwindigkeit mit und ohne Regen in 11 Höhen zwischen 2 cm und 60 cm gemessen. Für alle Experimente wurden die Wellenneigung mit einem Laser-Neigungs-Sensor in und quer zur Windrichtung sowie die Wellenhöhe mit einem Wellendraht aufgezeichnet. Die Aufnahme des oberflächennahen Strömungsfeldes erfolgte mit einem Laser Doppler Velocimeter (LDV). Es wurden die horizontale (in Strömungsrichtung) und die vertikale Strömungskomponente in 10 Tiefen zwischen 0,2 cm und 15 cm gemessen. Aus den gemessenen Größen wurden die Turbulenzintensität, die turbulente kinetische Energie sowie die Schubspannungsgeschwindigkeit abgeleitet. Außerdem wurden Wellenhöhenspektren und Wellenneigungsspektren in und quer zur Windrichtung berechnet. Alle Messungen wurden bei 15,5 m Fetch durchgeführt, wobei die Referenz - Windgeschwindigkeit mit einem Flügelradanemometer bei einem Fetch von 12 m gemessen wurde.

Bei der hohen Windgeschwindigkeit zeigt sich eine Dämpfung der Wellenamplitude für niedrige Frequenzen. Anders als bei Braun (1998) liegt die Übergangsfrequenz nicht bei 5 Hz, sondern zwischen 3 Hz - 5 Hz. Grund hierfür ist die in dieser Arbeit etwas größere Windgeschwindigkeit von 6 m/s statt 4 m/s. Bei 3 m/s zeigt sich bei der kleinen Regenrate eine Dämpfung der Amplitude. Eine Erhöhung der Regenrate bei gleicher Windgeschwindigkeit hat eine höhere Amplitude zur Folge. Ein möglicher Grund hierfür ist ein schwach ausgeprägtes Wellenfeld, in dem es kaum Windwellen gibt, die gedämpft werden könnten. Stattdessen dominieren Ringwellen das Erscheinungsbild der Wasseroberfläche. Bei 6 m/s Windgeschwindigkeit tritt für beide Regenraten Wellendämpfung auf.

Bei Windstille und der kleinen Windgeschwindigkeit von 3 m/s beobachten wir ein breites Hauptmaximum in den Spektren der Wellenhöhe. Grund hierfür ist, dass bei der kleinen Windgeschwindigkeit kaum Windwellen erzeugt werden. Dadurch dominiert in beiden Fällen der Regen das Wellenfeld. Das Hauptmaximum bei 3 Hz im Spektrum für 6 m/s Windgeschwindigkeit ist auf Windwellen zurückzuführen, die auf Grund des höheren Energieeintrages erzeugt werden. Für Frequenzen, die oberhalb der Maxima liegen, erhöht Regen den Energieeintrag in die oberen Wasserschichten. Dieser Energieeintrag ist abhängig von der Regenrate.

Aus den Daten der relativen Wellenneigung können Schlüsse auf die Neigungsrichtung gezogen werden. Der Einfluss des Windes äußert sich in einer größeren Neigung bei größerer Windgeschwindigkeit. In Gegenwart von Wind neigen sich die Wellen mehr in Windrichtung als quer zu ihr, da der Impuls in Windrichtung eingetragen wird. Für beide Windgeschwindigkeiten werden die Wellen relativ zur Windrichtung etwas nach rechts abgelenkt. Grund hierfür kann aber auch eine leichte Fehlstellung der xy-Diode sein. Für die hohe Windgeschwindigkeit haben die Wellen eine asymmetrische Form, d.h. sie steigen steil an und fallen flach ab.

Im Regenfall weisen die dominanten Wellen einen flacheren Anstieg auf als ohne Regen. Dies geht aus dem Spektrum der Wellenneigung in Windrichtung bei 6 m/s Windgeschwindigkeit hervor. Während wir hier im Regenfall ein kleineres Hauptmaximum beobachten, findet sich ein solches nicht im Spektrum der kleineren Windgeschwindigkeit. Dies zeigt abermals die Dominanz des Regens bei kleinen Windgeschwindigkeiten bzw. die Dominanz des Windes bei hohen Windgeschwindigkeiten.

Nahe der Wasseroberfläche herrschen in Gegenwart von Regen kleinere Windgeschwindigkeiten als ohne Regen. Grund hierfür ist die rauere Wasseroberfläche in Anwesenheit von Regen. Außerhalb der Grenzschichten, die sich an Wasseroberfläche und Kanaldecke bilden, erhöht Regen die Windgeschwindigkeit. Grund hierfür ist eine intensivere Grenzschicht an der Wasseroberfläche mit höherer Turbulenz. Die Mächtigkeit dieser Grenzschicht ändert sich nicht mit der Regenrate, sondern lediglich die in ihr vorherrschende Turbulenz (Intensität). In Anwesenheit von Regen ist die Windgeschwindigkeit in dieser Grenzschicht kleiner als im Fall ohne Regen. Aus Gründen der Massenerhaltung muss die Luft außerhalb der Grenzschichten in Anwesenheit von Regen schneller strömen als im Fall ohne Regen.
Wie gerade angedeutet, erhöht Regen sowohl Turbulenzintensität als auch turbulente kinetische Energie (TKE) in der Nähe der Wasseroberfläche. Zu erklären ist dies hauptsächlich mit der erhöhten Oberflächenrauhigkeit in Anwesenheit von Regen. Mit zunehmenden Abstand zur Wasseroberfläche nimmt der Einfluss derselben ab, sodass in großen Höhen ein weitestgehend laminares Strömungsfeld vorliegt.
Die Schubspannungsgeschwindigkeit steigt mit der Windgeschwindigkeit und der Regenrate. Dies ist mit der erhöhten Rauhigkeit der Wasseroberfläche in Anwesenheit von Regen zu erklären, die einen höheren Windstress zur Folge hat. Eine erhöhte Schubspannungsgeschwindigkeit geht einher mit einer erhöhten Oberflächendrift, die wiederum durch kleinskaliges Wellenbrechen eine Dämpfung der Wellenamplitude zur Folge hat (Braun et al., 2004).
Regen erhöht die Oberflächendrift durch einen direkten und einen indirekten Effekt. Den direkten Einfluss nimmt der Regen in Form eines direkten Impulseintrages, wodurch die Oberflächendrift direkt beschleunigt wird. Der indirekte Einfluss zeigt sich in einer raueren Wasseroberfläche in Gegenwart von Regen. Dies bietet dem Wind eine bessere Angriffsfläche, sodass die Wasseroberfläche abermals beschleunigt wird. Die Strömungsgeschwindigkeit an der Wasseroberfläche steigt mit zunehmender Regenrate und Windgeschwindigkeit. Damit erhöht Regen den Energieeintrag in die oberen Wasserschichten. Die Abnahme der Strömungsgeschwindigkeit mit der Tiefe ist mit Reibungs- bzw. Scherungsverlusten zu erklären. Die Standardabweichungen der Strömungskomponenten zeigen eine kreisförmige Orbitalbewegung der Wasserpartikel, der eine Translation des Kreismittelpunktes in Windrichtung überlagert ist. Die Schubspannungsgeschwindigkeit im Wasser steigt mit zunehmender Regenrate und Windgeschwindigkeit. Da aber lediglich zwei Regenraten realisiert wurden, ist unklar, welcher funktionale Zusammenhang zwischen Schubspannungsgeschwindigkeit und Regenrate besteht.
Aus den Untersuchungen der turbulenten kinetischen Energie geht hervor, dass die Tiefe, in der Turbulenz messbar ist, mit zunehmender Windgeschwindigkeit und Regenrate zunimmt. Die Schicht mit der größten turbulenten kinetischen Energie befindet sich zwischen 0,2 cm und 4 cm Tiefe. Die Erhöhung der Viskosität in Folge erhöhter regeninduzierter Turbulenz ist ein weiterer Mechanismus der Wellendämpfung. Der andere Mechanismus ist die Wellendämpfung in Folge von kleinskaligen Wellenbrechen.

Literatur

Braun, N., 1998: Laboruntersuchungen zum Einfluß von künstlichem Regen auf eine Wasseroberfläche mit Hilfe von Wellendraht-, Laser- und Radarsonden. Diplomarbeit am Institut für Meereskunde der Universität Hamburg.

Braun, N., 2002: Untersuchungen zur Radar-Rückstreuung und Wellendämpfung beregneter Wasseroberflächen. Dissertation am Institut für Meereskunde der Universität Hamburg.

Braun, N., Gade, M., Lange, P., 2004: Effects of artificial rain on the water surface drift. Unveröffentliches Manuskript.

Braun, N., Gade, M., Lange, P. A., 2002: The effect of artificial rain on wave spectra and multi-polarisation X band radar backscatter. *International Journal of Remote Sensing*, Volume 23, pp. 4305–4323.

Cole, D., 2007: The Splashing Morphology of Liquid-Liquid Impacts. Doktorarbeit an der James Cook Universität, School of Engineering.

Dantec Dynamics, 2006, 2006: *BSA Flow Software Installation and User's Guide.*

Demtröder, W., *Experimentalphysik 1 - Mechanik und Wärme* (Springer Verlag, 1998).

Gade, M., 1992: Untersuchungen zur Wellendämpfung von monomolekularen Oberflächenfilmen mit Hilfe von Wellendraht-, Laser- und Radarsonden. Diplomarbeit an der Universität Hamburg.

Lange, P., Jahne, B., Tschiersch, J., Ilmberger, I., 1982: Comparison between an amplitude-measuring wire and a slope-measuring laser water wave gauge. *Review of Scientific Instruments*, Volume 53, pp. 651–655.

Large, W. G., McWilliams, J. C., Doney, S. C., 1994: Oceanic vertical mixing: a review and a model with a nonlocal boundary layer parametrization. *Reviews of Geophysics*, Volume 32, pp. 363–403.

Lobemeier, P., 1981: A wire probe for measuring high frequency waves. *Journal of Physics E: Scientific Instruments*, Volume 14.

Mitsuyasu, H., Honda, T., 1982: Wind-induced growth of water waves. *Journal of Fluid Mechanics*, Volume 123, pp. 425–442.

Müller, V., Paulsen, H., Esters, L., Kemme, L., Drähne, U., 2011: Experimente im Wind-Wellen-Kanal. Auswertung der Ozeanischen Messübung (Teil des Bachelorstudienganges Ozeanographie).

Prenzel, K., 2010: Laboruntersuchungen zum Einfluss der wind- und welleninduzierten Turbulenz auf das kleinskalige Strömungsfeld an der Wasseroberfläche. Diplomarbeit an der Universität Hamburg.

Strübing, K., 1991: Aufbau eines Laser-Doppler-Anemometers zur eindimensionalen Geschwindigkeitsmessung einer Wasserströmung. Diplomarbeit an der Fachhochschule Wedel.

Danksagung

Besonderer Dank gebührt meinen Betreuern Dr. Martin Gade, Frauke Pascheke und Prof. Dr. Detlef Stammer für ihre Unterstützung. Martin danke ich für die Verbesserung und Erweiterung der vorgeschlagenen Experimente, wodurch die Arbeit in die richtige Richtung gelenkt wurde. Außerdem danke ich ihm für das Kontrollieren vieler Protokolle und das Sicherstellen des Fortschrittes der Arbeit.
Frauke danke ich für ihre unermüdliche Unterstützung im Kampf mit der Technik und für viele Antworten auf viele Fragen. Beiden, Martin und Frauke, danke ich für viele aufschluss- und lehrreiche Gespräche, für die vielen Stunden, die sie investiert haben (auch außerhalb der Versuchshalle) und für unendlich viel Geduld. Herrn Prof. Dr. Detlef Stammer danke ich dafür, dass er stets ein wachsames Auge auf den Umfang der Arbeit hatte („Es ist nur eine Bachelorarbeit"). Danke auch an die BAW, auf deren Gelände der Kanal steht und ohne die es diese und andere Arbeiten so nicht geben könnte.